DK
蜜蜂全书

〔英〕弗格斯·查德威克
〔英〕史蒂夫·艾尔顿
〔英〕艾玛·莎拉·坦纳特　著
〔英〕比尔·菲茨莫里斯
〔英〕朱迪·厄尔

段辛乐　聂红毅
林　焱　郭　睿　译
刘彩珍　陈大福

河南科学技术出版社
·郑州·

序

  中国是养蜂大国，蜜蜂养殖规模和蜂产品总产量均居世界首位，但并非养蜂强国，在养蜂技术和理念上还有许多需要提升的空间。他山之石，可以攻玉。引进国外的养蜂书籍，让我国养蜂人员充分了解国外的养蜂技术和先进的养蜂理念，相互借鉴，取长补短，对我国养蜂业的可持续发展是必不可少的。

  《DK蜜蜂全书》由福建农林大学蜂学学院组织的博士团队承担翻译任务，在忠实于原著THE BEE BOOK的基础上，尽可能采用我国惯用的养蜂专业名称和俗语，使译著更加通俗易懂。本书图文并茂，内容丰富，涉及养蜂相关的各个方面。既有基础管理，又有先进技术；既有常规知识，又有全新理念；既有蜜蜂养殖，又有蜂产品加工。因此，本书既可作为养蜂初学者的入门指导，又可作为老养蜂员的技术提升资料和科研工作者的研究参考，还可作为青少年的蜜蜂科普读物。

  正值中国养蜂学会成立40周年之际，《DK蜜蜂全书》的出版发行，为全体会员和广大蜂业工作者奉献了一部值得学习和借鉴的文献著作，相信对我国养蜂业的发展会起到一定的帮助作用。

研究员

中国养蜂学会理事长

国家蜂产业技术体系首席科学家

2019年3月于北京

目录

令人惊叹的蜜蜂世界……9

什么是蜜蜂?……10
蜜蜂是如何进化的?……12
进化和授粉……14
蜜蜂的世界……16
独居蜂……18
熊蜂的生命周期……22
熊蜂的飞行……24
蜜蜂有什么特别之处?……26
蜜蜂的社会性……28
蜜蜂的驯化……30
蜜蜂家族……32
蜜蜂的行为……36
巢脾上的生命……38
蜂箱内的温度调控……40
一起飞舞吧!……42
蜂蜜工厂……44
蜜蜂的蜂蜡……46
传递信息的化学物质……48
分蜂——新超级有机体的诞生……50
自然界中蜜蜂的天敌……52
蜜蜂的防御策略……54
蜜蜂危机?……56
保护蜜蜂:从我们做起……60
保护蜜蜂:野性视角……62
保护蜜蜂:未来的研究方向……64

迷人的蜂类……67

蜜蜂的采集……68
花园里的蜜蜂……74
竹筒蜂巢……78
黏土蜂巢……80
木板蜂巢……82
草皮蜜蜂栖息地……83
托盘蜜蜂居所……84
为蜜蜂挑选植物……86
盆栽蜜源植物……102
菜园……104
村舍花园……106

野生动植物园……108

关照蜜蜂……111

接触养蜂……112
认识蜂箱……116
工具和装备……120
组装巢框……122
怎样得到一个蜂群?……124
从小核群开始……126
打开蜂箱……128
检查蜂箱……136
防治虫害和病害……142
管理蜂蜜……146
观察分蜂……148
人工分蜂……150
收集分蜂群……156
蜂王问题……158
合并蜂群……160
越冬准备……162
冬季检查……164
更换巢脾……166

蜜蜂的"赏赐"……171

蜂蜜的采收……172
蜂蜡的采集……176
蜡烛的制作……178
简易蜂蜡雕刻品……184
天然抛光蜂蜡的制作……185
蜂箱中的宝物……186
感冒蜂蜜汤饮……189
蜂蜜生姜止咳糖片……190
大蒜止咳膏……191
蜂蜡蒸气膏……191
蜂胶粉……192
蜂蜡祛痘膏……192
蜂蜡芥末膏药……194
蜂蜡护足膏……195
蜂蜡跌打损伤膏……195
蜂蜜晒后修复乳……197

蜂蜜薄荷润唇膏……199
蜂蜜燕麦磨砂膏……200
蜂蜜白土面膜……200
蜂蜜爽肤水……202
蜂蜡护手霜……202
蜂蜡亮彩日霜……203
蜂蜡焕新晚霜……203
蜂蜡泡泡浴液……205
蜂蜜薰衣草香皂……206
蜂蜜护发素……208
蜂蜡润肤棒……208
蜂蜜蜂蜡身体乳……209

作者简介……210
致谢……210

令人惊叹的
蜜蜂世界

什么是蜜蜂?

想象一下蜜蜂。对于大多数人来说,一提到蜜蜂脑海中就会浮现出一种圆乎乎、毛茸茸、黑黄相间的会飞的昆虫,也可能同时想到一罐蜂蜜(或者被蜇的疼痛)。然而,这种传统印象相比于已知的庞大的蜜蜂世界来讲连皮毛都算不上。

夏天一个蜂群会发展到有80000只蜜蜂

单眼
和其他昆虫一样,蜜蜂实际上也有五只眼,其中有三只是单眼。这些单眼可以探测光线强度的变化。

胸腔
蜜蜂的胸腔分为三部分,每部分带动一对足,后面两段同时带动两对翅膀。胸腔是供这些部位运动的肌肉动力站。

翅膀
蜜蜂有两对翅膀,由很厚的与其外骨骼质地一样的几丁质层构成。一些小钩将它的前、后翅膀连接起来,使其像一对翅膀一样运动。

复眼
复眼由许多个极小的晶状体组成,这些晶状体对蜜蜂探测花朵的种类和观测到偏振光来说是非常有用的,也意味着它们能够利用太阳在阴天导航。

绒毛
几乎所有的蜜蜂都有毛茸茸的身体,有时绒毛的颜色作为警告色,以遏制捕食者的捕食。同时因为绒毛很多,且会经常携带小电荷,所以绒毛结构也特别适用于捕获花粉粒。

吻
蜜蜂管状的口器特别长,能深入花朵吸取花蜜。同时花粉也被粘在身体上,从而也能够在授粉中发挥作用。

蜂针
只有很小一部分种类的蜂才会蜇刺。蜂针是对产卵器的改造,因此只有雌性蜂能够蜇刺。

前足
和其他昆虫一样,蜜蜂有六只足。一些蜂种的前足具有小的梳状结构,能够将花粉从身上梳理下来。

后足
具有花粉筐的蜂种,其前足将花粉从身体推到后足,后足的区域有保护性的刚毛能够防止花粉脱落,便于花粉的运输。

蜜蜂解剖学

蜜蜂不是首先进化出的植物授粉者,但它们绝对是最适合做这项工作的。它们的飞行技能和识别鲜花的能力使它们可以穿过很远的距离进行精确授粉,它们身体上的绒毛也极易黏着花粉。

所有蜂种中有超过90%的种类都是独居的

胸腔 头

腹部

会飞的小虫子到会飞的大虫子

蜂种的多样性极其可观。不同蜂种在形态大小上有很大差异，甚至在其他特征上也有很大的不同。例如，最大的蜜蜂比最小的蜜蜂要大20多倍，而且它们的颜色和生活方式也完全不同。

目前已知有超过25000个蜂种，还有更多的蜂种等着被发现

实际大小
长2毫米

实际大小
长15毫米

实际大小
长40毫米

消失的小型蜂？
Perdita minima

这种蜂发现于美国西南部的沙漠，它能给像它一样小的大戟科的花授粉。这种最小的蜂甚至没有一个常用名。它是独居蜂，雌性蜂用沙子建造蜂巢，以保护其后代免受沙漠中极端温度的影响。

西方蜜蜂
Apis mellifera

蜜蜂界的"名流"，虽然与大多数人脑海中对蜜蜂的印象有很大不同，但西方蜜蜂是完全社会性的蜂种，能够群居形成巨大的蜂群。因为它们与人类有密切的关系，所以该蜂种目前在除了南极洲以外的各个大陆都能找到。

大熊蜂
Bombus dahlbomii

它是神秘的、姜黄色的大型蜂，是南半球唯一的原住熊蜂种类。该蜂种曾在南美洲巴塔哥尼亚被发现，然而不幸的是该蜂种由于蜂种引进所带来的疾病的影响已濒临灭绝。

世界及人类社会的劳动者

当我们在想蜂类带来的好处时，蜂蜜通常排在榜首。然而，蜂蜜只由少数的蜂种生产，即使在这些蜂种中，它们生产蜂蜜的价值也比它们提供授粉的价值低得多。无论大小、颜色、种群的社会结构如何，蜜蜂都会为一大批对人类至关重要的植物授粉，如果没有这些蜜蜂，许多作物将不复存在。蜜蜂经历了1亿年的进化，我们幸运地看到它们成为地球上顶尖的授粉者之一。现在，该由我们来保护它们了。

蜜蜂每年的授粉工作价值超过1700亿美元

工蜂经过1000万次的采集才能生产450克蜂蜜，且在采集的过程中能为很多花和粮食作物授粉。

蜜蜂是如何进化的?

蜜蜂的进化不是一个简单的过程。所有现在被认为是理所当然的特征,无论是蜜蜂的触角还是腹部末端,都是在数百万年的自然选择中演变而来的。

蜜蜂进化时间表

从蜜蜂的第一次进化到现在,世界已经变化得不像是同一个世界了。许多像恐龙一样强大的种群都经历兴衰,哺乳动物也从小角色成为动物世界的标志,授粉也已经被特别的蜜蜂种群完全改变了。

5500万年前
小芦蜂族进化出社会性
小芦蜂族从简单的小团体发展为复杂社会群体,展现出不同形式的社会性。这个种群中大多数小芦蜂饲喂幼虫的工作由所有蜂共同来完成,但也有少数由小芦蜂族进化来的种群有明确的蜂王和工蜂级型。

芦苇蜂
芦苇蜂是小芦蜂族中最早的具社会性的种类之一,其之所以被称为芦苇蜂,是因为它们习惯于在死芦苇的空心茎中建立小型蜂群。

6000万年前
大量消失
包括非鸟类恐龙在内的约3/4的生命消亡,原因可能是小行星撞击地球引起的气候变化。

1亿年前
蜜蜂由胡蜂进化而来
据认为,蜜蜂是由一种胡蜂进化而来的,这种胡蜂以一种体表常附着花粉的昆虫为食,久而久之这种胡蜂也渐渐变得爱吃花粉了。

9000万年前
具有花粉筐的蜂首次出现
熊蜂、蜜蜂和汗蜂都是由这种蜂进化而来的。这些蜂种都有花粉筐结构。

长节叶蜂
最早的膜翅目昆虫化石表明:蜜蜂和胡蜂都是从一种叶蜂原种进化而来的。

Melittosphex burmensis
这种昆虫的化石表现出蜜蜂和胡蜂的共同特征,为蜜蜂由胡蜂进化来的观点提供了证据。

1.3亿年前
开花植物进化
这仍然是一个具有争议的话题,大多数证据指出,开花植物大约在这个时期进化。

2.7亿年前
膜翅目昆虫进化
胡蜂、蚂蚁和叶蜂等是当时最早出现的膜翅目昆虫。

无油樟
这种现存的很早从进化树中分出来的植物能帮助我们推断出最早的开花植物是什么样子的。

西方蜜蜂
西方蜜蜂大多数发现于东南亚,由此得出了蜜蜂起源于东南亚的假说。

Megalopta genalis
汗蜂的一种,常在昏暗环境中活动,它有更大的单眼,使它能在光线暗的情况下飞行。

3500万年前
蜜蜂的起源
对蜜蜂化石分析得到的结果表明蜜蜂起源于这一时间段,但也有可能有更古老的化石仍旧藏在东南亚的岩石中。

2500万年前
熊蜂属出现
目前大家所熟悉的熊蜂的进化标志着最迷人的蜂种就此诞生。

2000万年前
高社会性的汗蜂进化
目前汗蜂几乎在世界各地都有分布,并且绝大多数都有复杂的社会性,它们的蜂群中有明显的蜂王及工蜂级型。这一科的一些种变得有些邪恶,它们通过寄生于其他种来生存:打破其他蜂种的蜂巢,取食蜂卵,将自己的幼虫替换进去。

25万年前
采集、狩猎的人类
我们人类是出现相对较迟的物种,虽对蜜蜂的影响不总是积极的,但却是巨大的。

欧洲熊蜂
欧洲熊蜂因为人类的介入,目前已经遍布世界各地。

兰蜂
独特香味的吸引使兰蜂独爱特定的兰花物种,从植物的角度来说使得授粉更有效率。

神奇的特化

在胡蜂进化的1亿多年中,蜂类已经从一个杂食的单一物种变成如今各有特色的25000多个不同的蜂种。

吻 蜂吻的长度决定了它们能够取食的花,从而也产生了一些极端的情况:*Euglossa natesi*的吻的长度是身体长度的2倍。

寄生蜂 有种寄生蜂放弃了社会性生活方式,它会偷偷潜入熊蜂的蜂巢,废黜蜂王,并奴役工蜂去养育自己的后代。

兰花香水 人类不是唯一使用香水的动物。兰蜂从兰花中收集香水,并用香味吸引伴侣。

进化和授粉

很难想象只有花朵没有蜜蜂会怎么样。随着第一株开花植物进化出来，最早的蜜蜂也随之进化而来。随着与蜂类的协同进化，花卉的多样性迅速发展，这也促使花向着新的方向进化。

相互依赖的故事

授粉是同种开花植物之间性细胞的转移，以使其受精。这些性细胞以花粉的形式存在，蜜蜂在进入一朵花时花粉被粘在体表的绒毛上，当它们落在另一朵花上时，有些花粉会脱落从而有助于传粉。通过实施这项服务，蜜蜂将固定生长在一个地方的植物的基因传播到更远的地方。在蜜蜂传粉的过程中，植物种群遗传多样性得到了保持，使植物能更好地适应任何可能出现的生存压力。

在蜜蜂进化之前，传粉工作主要是通过物理过程（如刮风）或甲虫授粉者来进行的。据认为，甲虫授粉者可能间接地导致胡蜂到蜜蜂的进化。当蜜蜂的祖先胡蜂不断吃到身上覆盖花粉的甲虫，逐渐喜欢上了花粉的味道从而取代了进食甲虫。蜜蜂与花之间长期相互依赖的关系影响了两者的进化。蜜蜂变得更善于收集花粉，进化出有更多绒毛的身体和更强的识别不同类型花的能力。而花则不得不为了增加竞争力，改变外形和颜色来使自己脱颖而出，同时产生更多的食物，鼓励蜜蜂保持忠诚。协同进化的结果是我们今天看到的令人难以置信的花和蜜蜂的多样性。

兰刺头上的白尾熊蜂

天竺葵上的蜜蜂

羊耳朵上的树熊蜂

白色岩蔷薇上的蜜蜂

药物依赖

鲜花费尽心思来吸引蜜蜂，它们形成花瓣来引起蜜蜂的注意，释放丰富的香味使蜜蜂更容易找到它们，并用自身的大量花蜜来收买蜜蜂的忠诚。然而，所有的这一切都要消耗能量，一些植物已经进化出一种节约能量的方法，通过在其花蜜中下药来让蜜蜂对它们更感兴趣。在某些植物的花蜜中，少量的咖啡因、尼古丁和许多其他化学物质被发现，结果与人类对这些物质的反应非常相似：蜜蜂受到刺激，认为回报比它们实际得到的更多。这使得它们一次又一次地飞过来，同时植物也为自己保留了更多的糖分。

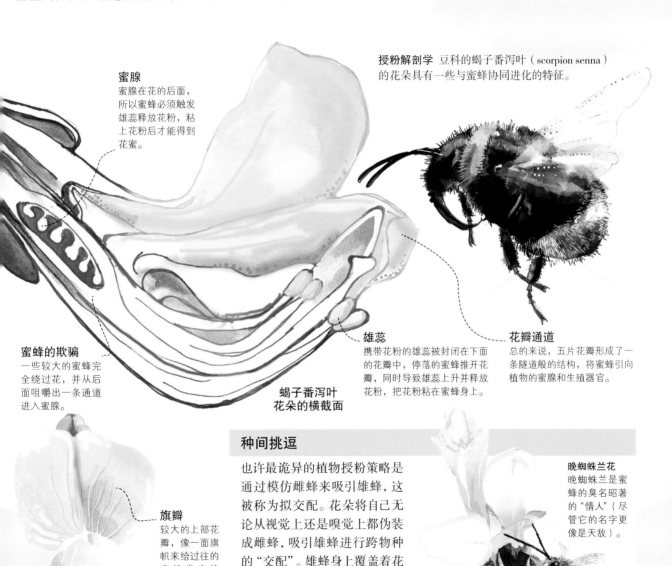

蜜腺
蜜腺在花的后面，所以蜜蜂必须触发雄蕊释放花粉，粘上花粉后才能得到花蜜。

授粉解剖学 豆科的蝎子番泻叶（scorpion senna）的花朵具有一些与蜜蜂协同进化的特征。

蜜蜂的欺骗
一些较大的蜜蜂完全绕过花，并从后面咀嚼出一条通道进入蜜腺。

雄蕊
携带花粉的雄蕊被封闭在下面的花瓣中，停落的蜜蜂推开花瓣，同时导致雄蕊上升并释放花粉，把花粉粘在蜜蜂身上。

花瓣通道
总的来说，五片花瓣形成了一条隧道般的结构，将蜜蜂引向植物的蜜腺和生殖器官。

蝎子番泻叶花朵的横截面

旗瓣
较大的上部花瓣，像一面旗帜来给过往的蜜蜂发出信号。旗瓣上的蜜腺像跑道上的指示灯，告诉蜜蜂在哪里停落。

蝎子番泻叶花朵的正面图

种间挑逗

也许最诡异的植物授粉策略是通过模仿雌蜂来吸引雄蜂，这被称为拟交配。花朵将自己无论从视觉上还是嗅觉上都伪装成雌蜂，吸引雄蜂进行跨物种的"交配"。雄蜂身上覆盖着花粉，在困惑中与下一朵花"交配"，将花粉从一朵花传到另一朵花。

晚蜘蛛兰花
晚蜘蛛兰是蜜蜂的臭名昭著的"情人"（尽管它的名字更像是天敌）。

陷入爱情的长角蜜蜂

蜜蜂的世界

经过数百万年的进化,蜜蜂遍布世界各地,可以适应各种栖息地,且种类繁多。本书选取世界上一些最重要且很迷人的蜜蜂进行介绍。

 黄尾熊蜂
(*Bombus terrestris*)
它是最早被驯化的熊蜂,目前它在许多原生地以外的国家也有存在。在欧洲、北非、东亚和新西兰,这个物种主要用于温室中植物的授粉。

 金带熊蜂
(*Bombus balteatus*)
它是一种分布于北美洲北部和山区等寒冷地区的特化种。在20世纪,它已进化出一种较短的吻,可以为多种植物授粉。

北美洲

欧洲

紫罗兰木蜂
(*Xylocopa violacea*)
欧洲最大、最惹人注目的蜜蜂种类。这种独居蜂得益于气候变化,它的栖息地向北方扩张了。

 绿金汗蜂
(*Augochlorella aurata*)
这种身体发出金属光泽的小蜜蜂,在整个北美洲都有分布。绿金汗蜂是一些主要作物的授粉者且具有高度的社会性,因此受到人们的高度关注。

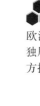

 秃鹫蜂
(*Trigona hypogea*)
有三种相近蜂种,它们以腐尸为食物,而非植物,能够像蛆虫一样分解尸体。秃鹫蜂是高度社会化的昆虫,更为特别的是,它可以储存已消化的肉用于哺育年幼的个体。

南美洲

非洲化"杀人蜂"(*Apis mellifera scutella*)
非洲化"杀人蜂"是声誉最不好的蜜蜂,它们是人工育种的产物。起初人们试图培育出一种繁殖力强的蜂种,但很不幸,最终培育出了这种高防御性且持续存在的蜂种。它们不会主动攻击人畜,被迫出击主要是为了保护自己的巢房。

无刺蜂
(*Tetragonisca angustula*)
无刺蜂可以生产味道鲜美的蜂蜜且没有蜂针。因此,这种体积小、生产性强的蜂种成为替代普通蜜蜂来生产蜂蜜的一个极具吸引力的选择。

西方蜜蜂 (*Apis mellifera*)
现代化的蜜蜂饲养起源于欧洲。在修道院中，养蜂人可以用温和的方式收获蜂蜜而非破坏蜂巢，这就使得西方蜜蜂成为世界上主要的蜂种。

喜马拉雅蜜蜂 (*Apis dorsata labriosa*)
喜马拉雅蜜蜂生活在地球上最恶劣的环境中，是蜜蜂王国中的大个子。它不但是最大的蜂种，还可以在悬崖边建造令人印象深刻的巢房。

日本蜜蜂 (*Apis cerana japonica*)
日本蜜蜂可以控制瓦螨的感染。瓦螨是世界范围内对蜜蜂有致命威胁的生物之一，日本蜜蜂抗螨的特性主要源于该种蜜蜂经常性的分蜂（见第143页）。

华莱士巨蜂 (*Megachile pluto*)
由英国自然学家阿尔弗雷德·罗素·华莱士（自然选择理论的共同发现者）首次记录。这种印度尼西亚的蜜蜂是翼展最大的蜜蜂，也是一种惊人的、令人难以捉摸的物种，因为它习惯在活跃的白蚁丘内筑巢。

亚洲

非洲

大洋洲

采油蜂 (*Rediviva emdeorum*)
这种蜂来自南非，雌蜂使用非常长的前足从双距花属植物同样长的花中采集油。

糖袋蜂 (*Tetragonula carbonaria*)
澳大利亚许多无刺蜂种类中的一员。糖袋的命名是因为这种蜂能够酿蜜，现在糖袋蜂也被越来越多地用于替代西方蜜蜂。

独居蜂

绝大多数蜂种是独居的。尽管单独工作,但独居蜂在全球范围内比任何其他类型的蜂都善于工作而为花进行了更多的授粉,并且它们是可以与许多社会性蜂种媲美的建筑师。

能够采掘的蜂

一些独居蜂在地下寻求庇护,在那里,它们的后代可以受到更好的保护,不受捕食者和其他因素的危害。这些采掘蜂通常能够在大量的聚集体中找到,其中并排有相当多的巢穴。虽然这种聚集体中的蜂很少直接相互帮助,但是它们的数量具有优势:它们对捕食者来说更可怕且具有迷惑性,如果被攻击,每只蜂都有更低的被吃掉的可能。

巢丘
地蜂用它们建造隧道取出的土,筑成了一个有特色的"蚁丘"结构。

隧道网络
一个浩大的地下隧道系统只能从一个入口进入,减少了捕食者进入的可能性。

蜂巢和生命周期
花园草坪上的类似蚁丘的土堆是地蜂蜂巢的入口。蜂巢在春天由雌蜂挖掘,以创造一个安全的产卵场所。在接下来的几个月中,蜂卵孵化、化蛹都能在巢穴中安全进行,它们在气候最糟糕的冬天结束后才出房。

橙色
雌蜂有橙色"毛皮"用于收集花粉。雄蜂由于不会收集花粉,所以绒毛较少,因此外观上看起来很无趣。

黄褐色地蜂(*Andrena fulva*)可以完全独居,也可以形成大量个体的集聚,展示出灵活的生活方式。

幼虫巢房
在每个幼虫巢房中都有一个卵,并有一个小的花粉团和花蜜,以维持幼虫的生长。

地下安全吗?
虽然地下巢穴对生长的幼虫来说更安全,但地下巢穴仍然易受土壤破坏或地表植被破坏的威胁,地表植被有助于抵御恶劣的天气。

灰色地蜂(*Andrena cineraria*)是许多果树的重要授粉者,也是最容易识别的采掘蜂之一。

木蜂

木蜂以它们在枯木或空心木茎中筑巢的习惯而得名，它们用有力的颚咀嚼木头来挖掘隧道。因为大小与熊蜂相似，所以经常与熊蜂混淆，但是木蜂不像熊蜂社会性那么强，但又比采掘蜂更有社会性。雌性木蜂通常会一起在巢房里担负一些劳动，例如，某些雌蜂花费更多的时间来觅食，而另一些雌蜂则在守卫巢穴。

独居蜂的社会性

不管如何命名，独居蜂种在它们容忍其他同伴的程度上有很大的差异。即使没有直接接触，同一物种生活在附近也可以降低被捕食的机会。如果你能容忍和自己的家庭在一起，那么通过分工还能提高效率。所以这些群体是不是不如蜜蜂这样高社会性的物种发达？简单地说，当然不是。每个环境都有不同的挑战，即使在同一个环境中，也有很多方法来解决问题。事实上，世界上大多数蜂种都是非社会性的，这证明了它们的成功。

紫罗兰木蜂(*Xylocopa violacea*)是欧洲最大的蜂种，以其雌蜂翅膀具有紫罗兰色光泽而命名，雄蜂则是全黑的。

蓝木蜂(*Xylocopa caerulea*)发现于南亚。这种蜂表现出半社会性倾向，一些雌蜂共同生活在一个蜂巢。

盗蜜者
许多蜂种用强大的颚切开花，完全绕过花粉来窃取花蜜。

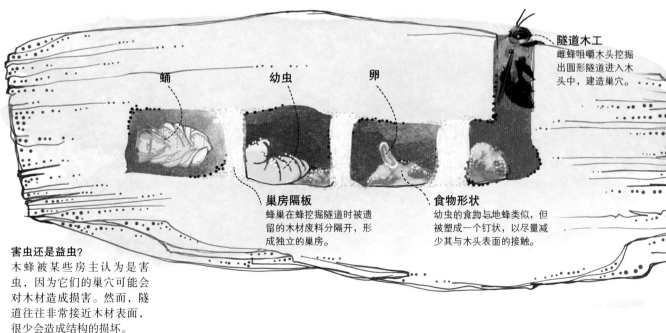

隧道木工
雌蜂咀嚼木头挖掘出圆形隧道进入木头中，建造巢穴。

蛹

幼虫

卵

巢房隔板
蜂巢在蜂挖掘隧道时被遗留的木材废料分隔开，形成独立的巢房。

食物形状
幼虫的食物与地蜂类似，但被塑成一个钉状，以尽量减少其与木头表面的接触。

害虫还是益虫？
木蜂被某些房主认为是害虫，因为它们的巢穴可能会对木材造成伤害。然而，隧道往往非常接近木材表面，很少会造成结构的损坏。

壁蜂

壁蜂属的蜂通称为壁蜂，它们构筑泥墙一样的壁，以形成蜂巢中的隔间。壁蜂包括一些最有魅力的独居蜂，有一个种在花瓣上建巢，还有一个种被发现在废弃的蜗牛壳中建巢。它们也是用于商业授粉的重要的独居蜂种。

闪亮的颜色
壁蜂属中的许多蜂种外表都是令人印象深刻的金属蓝色或绿色。

红壁蜂 (*Osmia bicornis*) 因脾气大而出名。雄蜂比雌蜂小且毛少，面部有黄斑。

蓝果园蜂 (*Osmia lignaria*) 也属于壁蜂属，是果树有效的授粉者，并被半驯化以帮助果树授粉。因此，作为独居蜂，数量巨大的壁蜂已经成为测试农药对独居蜂影响的典型。

花粉斑
壁蜂缺少花粉筐结构，它们利用腹部下面的密集绒毛形成的斑块收集花粉。

贪婪的幼虫
幼虫随着食物的消耗而生长，直到准备好结茧成长为成虫。

性别歧视
由于雌性卵体积较大，母亲为雄性卵提供的食物比雌性卵少。

塞入
当蜂巢装满时，母蜂用一个超厚的泥墙堵塞入口，以保护它的下一代免受捕食者的伤害。

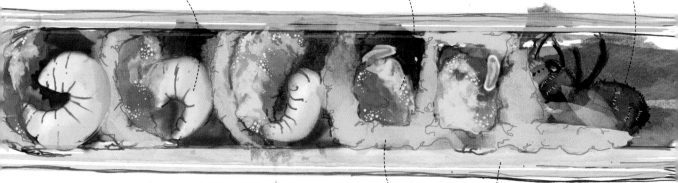

大多数壁蜂在预制的隧道中建立蜂巢，例如巧借其他独居蜂和蛀木甲虫留下的通道筑巢，或者是在枯树枝或芦苇的空心中筑巢。因此，它们更乐于进入人造巢穴。雌性壁蜂将它的隧道式巢穴分成几个巢房，并为每个巢房提供一团花粉，同时在花粉旁产下一粒卵。

泥墙
泥墙分开巢房。

空心芦苇
空心芦苇是最受欢迎的筑巢场所。

为什么壁蜂是伟大的授粉者?

几次适应性进化使壁蜂成为一个非常有效的授粉者。一个关键因素，也是很具有讽刺意味的一点，壁蜂最初被商业种植者忽视的原因是，它们不产蜜，只对花粉真正感兴趣。

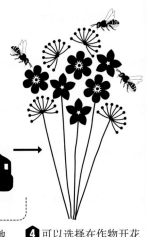

花朵混杂
独立的壁蜂将会比蜜蜂光顾更多的鲜花，这意味着异花授粉得到充分的保证。

凌乱的采集者
壁蜂不是不如蜜蜂认真仔细，而是缺乏花粉筐来保证花粉的安全。

花粉浴
花粉很容易从壁蜂的腹部落下，因此更有可能在花之间传粉，使花儿受精。

努力工作
壁蜂是低温情况下很棒的花粉采集者，这使它们能够在一年的早些时候对作物进行授粉，并且工作时间更长。

新的授粉者在售

近年来，蜜蜂数量受到蜂群崩溃失调症的影响而严重下降，引起了为商业果园选择替代传粉者的热潮。壁蜂是主要的候选者，原因有几个：壁蜂包括一些专门从事水果授粉的蜂种；它们是比蜜蜂更高效的授粉者；由于驯化时间相对较短，育种者将能够更好地保存其遗传多样性。

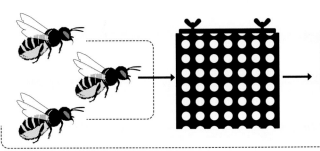
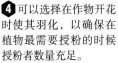

❶ 蜂群仍然是（半）野生种群，但是通过在饲养区域内提供高密度的人造巢箱，可以提高野生种群数量。

❷ 巢箱专为收集虫茧而设计，方便使用，并可以冷藏，使其停止羽化以便在需要时使用。

❸ 虫茧可以被运送到最需要的地方，通常在果园的中心。

❹ 可以选择在作物开花时使其羽化，以确保在植物最需要授粉的时候授粉者数量充足。

熊蜂的生命周期

大个头、嗡嗡嗡，总是有一些鲜艳条纹的熊蜂很容易被发现。尽管它们只占整个蜂种的1/100，但在大众的想象中也由此定义了蜜蜂的形象。

搜索蜂巢
除了觅食外，蜂王也在寻找巢穴。发现的巢穴所属物种不同，它可能是一个废弃的啮齿类动物的巢、一个空的鸟箱或一个干草丛。

原始群体

熊蜂被认为是初级的完全社会性蜂种。虽然巢中有劳动分工，蜂王主要负责生殖产卵，但这些角色的组织比蜜蜂或类似的完全社会性的无刺蜂要松散得多。工蜂的角色主要是根据需要确定的，工蜂有能力生育后代。其生殖活动受到蜂王的抑制，这种抑制对于第一代来说效果很好，但是到季末，工蜂将开始产雄性后代。熊蜂和完全意义上的社会性蜂种之间的另一个重要区别是，熊蜂蜂群只持续一季，只有新生的蜂王才能生存到春天，然后从建立新蜂群开始再次循环。

1 蜂王羽化
蜂王在每年年初羽化，新的蜂王从冬眠（滞育）中醒来，开始进食，迅速恢复体力，为建造蜂巢和养育幼虫做准备。

5 越冬
新生蜂王是蜂群中唯一能够在冬季生存的成员。它们能处在被称为"滞育"的休眠状态越冬，类似于哺乳动物的冬眠。

多毛的北方物种
熊蜂种类扩张到较冷的地区，收集花粉的绒毛因为地理环境隔离及气候的变化经历了共同选择作用。来自较冷地区的物种往往具有比南方物种更长、更粗的绒毛。

树熊蜂

黄尾熊蜂

冬季保护
新蜂王在地下进入休眠状态，通常会住在空的啮齿类动物的巢中，这样不容易被捕食者发现，还能抵御冬季的寒冷。

开始筑巢

一旦找到合适的筑巢点，蜂王就建立一个蜡制的蜂蜜罐来储存多余的食物。不久之后，蜂巢将扩大到适合产卵的规模。

商业化的熊蜂

熊蜂被广泛用于为商业性农业生产传粉。一些农作物需要熊蜂授粉，这是一种强有力的授粉形式，主要通过蜂体的震动来散布花粉。若没有熊蜂授粉，只通过人工手动授粉，番茄的产量就要低得多。熊蜂的驯化则提供了一个可选择的方案，可以将熊蜂蜂群安置在商业温室内为作物授粉。

蓬勃发展的蜂群

当有充足的食物储备来保证生存时，蜂群便开始准备产生下一代蜂王和雄蜂。

❷ 第一代幼虫

在蜂王有了食物储备后，它开始消耗大量的花粉。花粉中的蛋白质刺激年轻蜂王的卵巢发育并使其开始产卵。蜂王趴在卵上像鸟孵蛋一样使温度保持在30℃以上。

❸ 蜂群发展

雌蜂从第一批卵中羽化，并分担了蜂王除了产卵外的大部分工作。工蜂会哺育幼虫，采集食物，照顾蜂王。

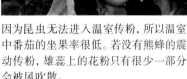

具有花粉篮的黄尾熊蜂

因为昆虫无法进入温室传粉，所以温室中番茄的坐果率很低。若没有熊蜂的震动传粉，雄蕊上的花粉只有很少一部分会被风吹散。

采集中的黄尾熊蜂

❹ 交配

新蜂王在季末产生且必须在冬天之前交配。每个蜂王都将与多只雄蜂交配，并将其精子储存起来，直到其生命结束都无须再次交配。

雄蜂巡逻飞行

雄蜂巡逻飞行被认为是在寻找蜂王。每个蜂种在不同的高度飞行，并释放蜂种特定的信息素来吸引蜂王。

熊蜂的飞行

民间传说熊蜂应该是不能飞行的。显然这不是真的，但是这个传言又一直存在着，并且熊蜂的小翅膀和硕大的身体也确实是客观存在的，无论怎么看，飞行对熊蜂来说都显得非常不可能。下面就来讲讲熊蜂是怎么飞起来的。

风洞实验

了解熊蜂飞行的主要进展之一就是分析其在风洞中的运动情况。熊蜂周围气流的可视化表明，它们几乎不靠空气动力，完全通过暴力来飞行。它们在空中飞行所需的巨大动力来自翅膀的扇动，翅膀每次扇动都使其向下推时产生的力最大化，同时最大限度地减少向上扇时的空气阻力。

思维敏捷的熊蜂

熊蜂飞行让人惊叹的地方在于其翅膀扇动的频率：每分钟200次。达到这个扇动速度的关键是熊蜂大脑的单个神经脉冲能引起翅膀肌肉的多次收缩。通过去除神经系统的阻滞，肌肉可以更快地运动。

飞行可视化
牛津大学的科学家们为了研究空气扰动模式，训练熊蜂在一个充满烟雾的风洞中飞行。

翅膀上升
它们的翅膀非常适合在其很小的表面区域产生上升力，这一点也是飞行机器人设计灵感的来源。

飞行服
为了使飞行肌肉正常工作，熊蜂体温必须保持在大概30℃。幸运的是，它们有毛茸茸的身体能够当作热的飞行服。

腿舒展来保证稳定性
熊蜂的身体形状在空中显得很笨拙，它必须将它的腿伸展开来保持平衡。

高负载
熊蜂不仅仅要应付自己笨拙的身体，还必须将腹中大量的花蜜和花粉筐内满满的花粉运送到巢内。

压降
熊蜂飞行时会产生空气涡旋。每个涡旋的中心压力低于周围的环境压力，这使更多的空气被吸入，创造一个涡流，以帮助熊蜂保持在高空飞行。

肌肉运动

熊蜂的主要飞行肌实际上并没有和它们的翅膀相连，而是通过改变胸部轮廓来间接带动翅膀工作。将翅膀从飞行肌的直接作用中解放出来，能为大量的小肌肉提供空间，使肌肉能对翅膀的角度和运动方式进行微调。

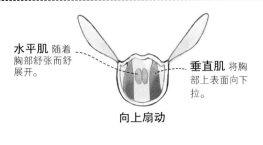

水平肌 随着胸部舒张而舒展开。

垂直肌 将胸部上表面向下拉。

向上扇动

水平肌 将前胸和后胸拉紧。

垂直肌 随着胸部缩小而舒展开。

向下扇动

主要的肌肉 附着在胸腔内壁上。

较小的肌肉 直接连接到翅膀基部。

翅膀控制中心
间接控制翅膀的肌肉和小且直接与翅膀相连的肌肉的组合，使熊蜂成为昆虫世界中最会飞行者中的一员。

翅膀弯曲

在飞行过程中，翅膀不仅仅简单地上下摆动，它们也会旋转、扭动和弯曲，以使每次扇动达到最高效。翅膀的这种运动能力使熊蜂在飞行中具有极大的灵活性，它们可以通过各种风景导航，精确地在花上落下，甚至在大风中也不受影响。

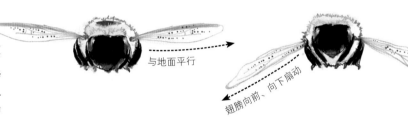

与地面平行

翅膀向前、向下扇动

❶ 当翅膀向下扇动时，它们水平伸展，以产生最大的下压力。

❷ 拐点（flex points）使翅膀变形来增加下压力。这能够关闭涡旋，最大限度地增加上升力。

向内扭转

翅膀向后、向上扇动

在压力下改变翅膀角度

❸ 达到扇动的最底部，翅膀向内扭转，以便在向上拉动时减少空气阻力。

❹ 翅膀被上提至每次扇动的弧形的顶点，有助于最大化它们制造的涡流，从而产生上升力。

❺ 在低压区，如高海拔地区，熊蜂会改变翅膀的角度，以获得更大的下压力。

蜜蜂有什么
特别之处?

蜜蜂与人类的亲密关系使它成为昆虫世界的明星。蜜蜂通过它们的采蜜劳动让我们吃上了甜蜜的食物。没有其他任何昆虫在我们的生活中受到这样的欢迎。

蜜蜂为了生产
1千克蜂蜜需要
飞行145000千米

一只工蜂一天
可以光顾
2000朵花

蜜蜂科

从生物学上来讲，"蜜蜂"一词是指一属七种不同的能够酿蜜的蜂种。从东南亚发源的有六种，表明这里可能是蜜蜂首先进化的地方。不同种类的蜜蜂大小差异很大，大蜜蜂（*Apis dorsata*）的体积是黑小蜜蜂（*A. andreniformis*）和小蜜蜂（*A. florea*）两个体积小的蜜蜂种类的五倍。这两个最小的蜜蜂的巢房很简单，是一片开放式的巢脾，而其他蜜蜂的巢房结构要复杂得多，往往在一个蜂巢中有许多巢脾。

注释
■ 西方蜜蜂原住区
■ 西方蜜蜂引入区
■ 东方蜜蜂原住区
□ 东方蜜蜂引入区

西方蜜蜂不是美洲的本土蜂种，是在殖民时期被引入的。

西方蜜蜂原住区的范围变化是由差不多30个亚种进化造成的。

西方蜜蜂的地理分布

在全球都有分布的蜜蜂种类最初在野外由地理或行为隔离，每个蜂种都有自己的生态位，但人类的介入使得一个蜂种占据了主导地位。西方蜜蜂（*Apis mellifera*）在欧洲被驯化用于生产蜂蜜和为作物授粉。欧洲殖民者携带着本土蜂种在全球范围内扩张，使现在除了南极洲以外的所有大陆都有西方蜜蜂出现。相比之下，东方蜜蜂（*Apis cerana*）尽管也经过了类似的驯养，但很大程度上仍然局限于其原住区范围。

东方蜜蜂在20世纪70年代被带到巴布亚新几内亚。

东方蜜蜂原住区范围从东边的日本向西延伸到阿富汗等地区。

东方蜜蜂的地理分布

适应驯化

七种蜜蜂中只有两种被人类真正驯化：西方蜜蜂和东方蜜蜂。经过几个世纪后，这两个蜂种的数量和分布范围都大幅度增加，并且人类一直在努力利用和改善它们的产蜜能力与授粉能力。这两个蜂种在野外的一些特性是相同的，它们几乎预先适应了完全驯化和商业开发。

蜂巢中有多张巢脾
野外的蜂巢建在空洞中，如空心树干等，内部由多张巢脾组成，巢脾之间有一致的距离，这个空间被称为"蜂路"。

活框蜂箱
这种蜂箱的结构使蜂群能在其中生活，并且人们发明的巢框使得巢脾变得标准化，十分容易移动。

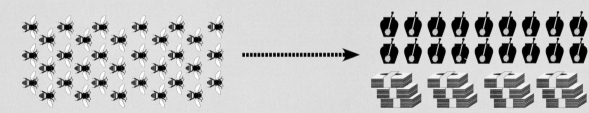

大型蜂群
西方蜜蜂和东方蜜蜂在产蜜的高峰期群体数量能够高达6万只，这使得它们可以储存相当多的蜂蜜。

不错的收成
这样强而高产的蜂群，为它们的养殖者提供了巨大的投资回报，通常有大量多余的蜂蜜能够被收获和销售。

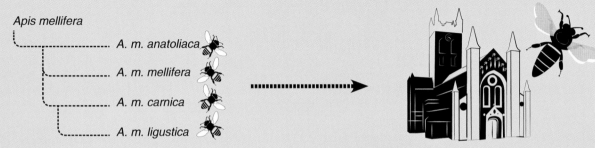

Apis mellifera
- *A. m. anatoliaca*
- *A. m. mellifera*
- *A. m. carnica*
- *A. m. ligustica*

众多亚种
西方蜜蜂和东方蜜蜂已经进化出许多亚种以应对各种环境的挑战。每个亚种在活力、生产力和性格等方面都展现出不同的特性。

选择性育种
通过从各个亚种身上选择有用的特性来育种，育种者已经开发出改良的品系，如巴克法斯特修道院（如上图所示）所培育的蜂种，被广泛认为是产蜜最好的蜂种之一。

蜜蜂的社会性

在蜜蜂属的不同蜂种内，特别是我们熟悉的蜜蜂，其种群内的成员之间存在严格的等级分化，有必要区别对待具有繁殖能力的蜂王和无繁殖能力的工蜂。这种有趣的社会生活体系，被称为"社会生活"。这些表面上看似简单的生物体是如何决定谁来繁殖的？为何工蜂甘愿舍弃繁殖能力？这些问题的答案可能与蜜蜂的遗传特性有关。

交配机器
蜂群内雄蜂的主要作用就是与蜂王进行交配。通常情况下，一只蜂王能够与多个雄蜂进行交配，从而保证种群的遗传多样性。

血统纯正
蜂群内有一个"警察"工蜂能够破坏蜂群内非蜂王产的卵，并将其清理出蜂群。

"皇家"繁殖
在蜜蜂的社会生活中，整个蜂群内只有一个具有繁殖能力的雌性个体——蜂王。

性别控制
蜂王通过分泌的蜂王信息素（蜂王物质）等化学物质，控制种群内其他具有繁殖能力的雌蜂（工蜂）的卵巢发育。

工蜂的生活
雌性工蜂通常进行除繁殖以外的其他所有蜂群内的工作，如采集食物和保卫蜂巢等。

蜜蜂群体是一个很好的昆虫社会生活的例证。在其种群内，蜂王具有独特王台，对数量众多的工蜂进行的殖民统治，证实了社会制度的力量的巨大。

进化疑云

从表面上看，昆虫的社会生活似乎与进化的必要性相违背：在自然选择过程中，难道不是所有的个体通过繁殖将自己的基因遗传给下一代？然而，蜂群中的工蜂们经过进化却放弃了繁殖后代的机会，而是把所有的精力都投入到只培育一个具有繁殖能力的雌性蜜蜂——蜂王及其后代的工作中。蜜蜂并不是唯一具有这种特性的蜂种，这表明在蜜蜂种群内存在一个导致蜜蜂进行社会生活的明显的驱动因素。这似乎与蜜蜂姐妹之间亲密的亲缘关系有关，在某种程度上，它们之间比它们与自己的后代之间拥有更多的共享基因。

蜂群内的成员关系

与其他昆虫相比，蜜蜂、黄蜂和蚂蚁往往表现出更强的社会性。导致这种现象的原因，部分可以归结于它们不同寻常的遗传特性。种群中的雄性个体由未受精卵发育而来，只具有一条染色体；而雌性个体则由受精卵发育而来，具有两条染色体（单倍体–二倍体繁殖模式）。在社会生活种群中，这种繁殖模式使得姐妹个体间共享75%的相同基因，而哺乳动物的姐妹个体之间仅共享50%的相同基因，因此其种群内姐妹个体间的关系比它们与母代或子代之间的关系要密切得多。与此同时，种群经过多代繁殖后，部分个体不断适应从事帮助母本繁殖后代的工作，这也就意味着"工人阶级"（工蜂）的出现。

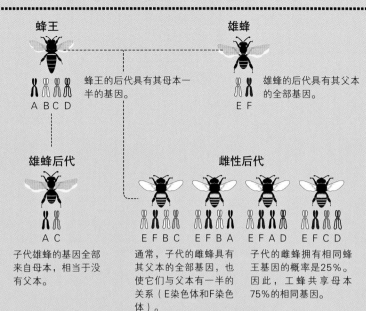

蜂王

蜂王的后代具有其母本一半的基因。

A B C D

雄蜂

雄蜂的后代具有其父本的全部基因。

E F

雄蜂后代

A C

子代雄蜂的基因全部来自母本，相当于没有父本。

雌性后代

E F B C　　E F B A　　E F A D　　E F C D

通常，子代的雌蜂具有其父本的全部基因，也使它们与父本有一半的关系（E染色体和F染色体）。

子代的雌蜂拥有相同蜂王基因的概率是25%。因此，工蜂共享母本75%的相同基因。

生态因素

另外一个导致蜜蜂进行社会生活的原因是，它们的祖先为应对不良生活因素而进行的不断进化，这些因素包括恶劣的天气、大量的捕食者及蜜源植物分散的分布方式。在这样的生活条件下，个体不断地聚集而形成一个稳定的种群，以便适应外界环境的变化。众多的个体可以快速建成蜂巢，从而抵御外界恶劣的天气和捕食者的攻击。蜂群内的侦察蜂不仅能够寻找食物和协调觅食，还可以在短时间内存储多余的食物以备不时之需。

食物共享

在沙漠或森林的栖息地，虽然采集蜂能够长距离飞行，但并不意味着其能够采集到足够的食物，因而独居蜂会面临死亡。然而，对于社会蜜蜂来说，团队合作意味着那些没能找到食物的蜜蜂仍然可以有足够的食物。

安全屋

坚固的蜂巢不仅能够抵挡外界恶劣的天气，为蜂群保暖，还能够为蜜蜂提供保护；但蜜蜂还是会被一些大型捕食者猎杀。

守卫蜂

通常蜂群的采集任务由采集蜂完成，同时蜂群内有一些特化的守卫蜂，专门从事保护幼年蜂和供应食物的工作。

蜜蜂的驯化

早期人类通过控制火来产生烟并将其应用于蜂蜜的采集，这可能是养蜂业的第一次重大进展。人类利用浓烟来驱赶野外蜂巢内的蜜蜂，从而使蜂蜜的采集更加安全和便捷。随着人类社会的不断发展，养蜂技术也随之不断改进和创新。

早期养蜂

世界各地的养蜂业都是独立形成的。在欧洲人到达南美大陆之前，玛雅人在数千年的时间里一直饲喂无刺蜂。古埃及人在4500年前开始饲喂亚洲蜜蜂，而中国则在1500年前开始出现养蜂。直到中世纪，西方蜜蜂才被广泛传播至世界各地，而且我们现阶段使用的养蜂工具绝大部分都是在那个时期发明的，现代的养蜂者认为中世纪的养蜂技术对现在的养蜂行业具有深远影响。

古代养蜂的证据
在象形文字中，蜜蜂的象征特性如下图所示，而现在我们对养蜂业的大部分认识都来自寺庙艺术中养蜂的场景。

古埃及的养蜂者
考古学家在法老的墓内发掘出保存了3000年的蜂蜜，这些蜂蜜依然可食用，这表明蜂蜜可永久保存。

浮动的蜂巢
洪水前后，古埃及人利用船将圆柱形的黏土蜂箱转移到尼罗河上游或者下游，从而便于蜜蜂在尼罗河流域采集花蜜。

神圣的职业
当时从事养蜂工作的主要是僧侣，因此养蜂在当时被称为"虔诚"行业，用来象征修道院的生活。

扩大生产
如果饲养管理得当，蜂群较强时可以往黏土蜂箱中加装一种被称为"eke"的圆形泥制蜂窝，从而扩大种群的饲喂规模。

中世纪的蜂箱
中世纪的养蜂人将野生蜂种群转移到用黏土、空心圆木或枝条做成的蜂箱中饲喂。采蜜季节结束的时候，养蜂人会用硫黄烟雾杀死蜂箱内的蜜蜂，然后打开箱，采收蜂蜜。

郎氏蜂箱

现代蜂箱直到19世纪中叶才出现，是由美国的牧师兰斯特罗思（Langstroth）发明的一种具有可移动的巢脾的蜂箱，这项发明使得养蜂变得更加高效，且这个过程对蜜蜂友好。这种蜂箱可以轻松地将蜜蜂与蜜脾分开，从而能够快速地收集蜂蜜，同时收集到的蜂蜜更加干净。

方形蜂箱
在蜂子饲养和蜜蜂采蜜过程中，方形的蜂箱更易于被划分成单独的或可堆叠的区域。

可移动的巢框
兰斯特罗思利用他对"蜂路"（蜂箱内巢脾与巢脾、巢脾与箱壁之间蜜蜂活动的空间）的认识，发明了一种可以挂在蜂巢内的巢框，利用它可以轻松地转移整箱蜜蜂。

蜂群健康检查
在不破坏蜂箱的情况下，打开蜂箱可以更好地监测整个蜂群的健康状况。

大规模的繁殖和育种

现代商业授粉项目在很大程度上得益于蜜蜂育种技术的不断发展。目前，养蜂人能够使一个蜂王快速繁殖出大量的子代。通过记录不同种群间的交配情况，并进行遗传分析，从子代中筛选出具有优良遗传性状（温顺和高产）的个体。

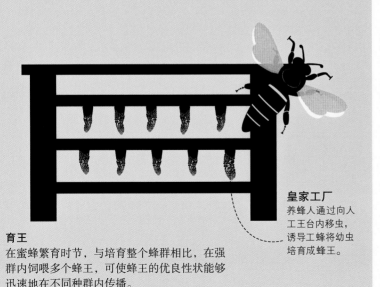

育王
在蜜蜂繁育时节，与培育整个蜂群相比，在强群内饲喂多个蜂王，可使蜂王的优良性状能够迅速地在不同种群内传播。

皇家工厂
养蜂人通过向人工王台内移虫，诱导工蜂将幼虫培育成蜂王。

蜜蜂基因组测序

生物的基因组是该物种不断进化的蓝本。通过与相近物种的基因组的基因比对，我们可知当某些基因被编辑或完全删除时，它们的某些特性或特征会如何变化，以及这些基因的缺失是否导致了不同物种间或种群间的差异。西方蜜蜂的基因组在2006年被完全测序，并且已经广泛应用于蜜蜂的免疫系统和气味结合等方面的研究，甚至挑战了先前关于物种最初进化的认识。亚洲蜜蜂的基因组于2015年完成测序并发布，为这两种重要的经济蜂种的深入比较提供了便利。

蜜蜂家族

在蜜蜂种群内部,依据分工不同,蜜蜂个体被分为三个不同的等级:工蜂、雄蜂和蜂王。我们可以将蜂王比作是蜂群的独裁者,它迫使工蜂满足它的各种需要。事实上,它们在整个蜂群中是相互依存的。

工蜂

正如它的名字一样,在三型蜂中,雌性工蜂从事蜂巢内大多数的工作。在工蜂的一生中,它们分别扮演了清洁工、护士、建筑工、厨师、皇室配偶、殡葬员、警卫和觅食者等众多角色。这些角色也随着它们的龄期而变化,实际上工蜂也只是从一个角色快速地转换到另外一个角色。

工蜂的发育期

工蜂基因与蜂王完全相同,导致它们外部形态特征差异的主要原因是幼虫期摄取的食物不同,工蜂幼虫仅取食几天的蜂王浆。

幼虫在封盖的巢房内化蛹和发育

工蜂孵化

口器
工蜂的口器中没有"牙齿",口器可用于改变蜂蜡的形状。

口喙
工蜂的口喙通常长于雄蜂和蜂王,这是因为工蜂是三型蜂中唯一能从花中吸取花蜜的蜂型。

体重
工蜂的体重只有雄蜂或者蜂王体重的一半。

后足
蜜蜂的后足胫节遍布细小的刚毛,被称为花粉筐,便于蜜蜂携带花粉。

工蜂采集花粉

卵巢
理论上,蜂群中的工蜂是能够产卵的,但蜂王能够通过信息素抑制工蜂卵巢的发育。

蜂针
在工蜂的腹部末端具有蜂针。蜂针通常用于保卫蜂群,在伤害敌人的同时也会导致工蜂的死亡。

雄蜂

雄蜂的主要任务是与其他蜂群中的蜂王进行交配。蜂王婚飞时，成千上万的蜜蜂聚集在一个交配区，进行交配并传递自己的遗传物质。在交配区内，雄蜂必须快于它的对手，才能与蜂王交配，因此雄蜂必须具备出色的视力、出色的飞行技能和一心一意的决心才能成功，而雄蜂获得的奖励就是2~3秒的交配，随后雄蜂后翻，瘫痪坠地死亡。

翅
雄蜂拥有可以完全覆盖腹部的"巨大"的翅膀，使得它们具有强大的飞行能力，能够在空中与蜂王交配。

大大的复眼
雄蜂具有巨大的复眼，两只复眼几乎占据其头部的大部分区域。即使蜂王被其他蜜蜂包围，这一特性使雄蜂置身远处也能够认出蜂王。

高效的生殖器
当雄蜂与蜂王交配时，它的生殖器呈"爆发"状态：雄蜂生殖器将从其腹部弹出，同时带走了大量的腹部组织，进而导致雄蜂的死亡。

雄蜂在蜂巢的作用
在蜂巢内，雄蜂所做的唯一工作就是温度控制。和工蜂一样，雄蜂可以通过"打寒战"来产生热量，也可以拍打翅膀帮蜂群降温。

臃肿的身体
尽管雄蜂与蜂王的重量相同，但雄蜂却显得更健壮。

蜂针退化
蜜蜂的蜂针是产卵器特化形成的，因此雄蜂的蜂针完全退化。

雄蜂的发育期
与工蜂相比，雄蜂要大得多，但它却不能享受蜂王的"高贵"待遇。通常，雄蜂的发育期长于工蜂和蜂王，导致种群内雄蜂数量较少，因此工蜂会"原谅"雄蜂的不劳而获。

幼虫在封盖的巢房内化蛹和发育

大眼雄蜂

黑胖的身体

蜂王

尽管蜂王是蜂巢里的其他蜜蜂的"母亲"，在产卵期内平均每天产卵2000粒，但这不意味着蜂王是整个蜂群的"主人"：当蜂王的产卵效率下降时，蜂群会将其抛弃，重新选育新的蜂王。蜂王能够对整个蜂群的活动产生巨大的影响。通常，在蜂王的周围有一只形影不离的工蜂。这只工蜂的主要任务是饲喂蜂王并在蜂群内扩散蜂王信息素，从而使种群内的其他工蜂得知蜂王的身体和健康状况。最重要的是，蜂王的后代完全继承了蜂王的性格，通常"脾气暴躁"的蜂王会有一个同样"脾气暴躁"的蜂群。

蜂王的发育期

由于蜂群在较短时间内需要一个新蜂王，因此在三型蜂中，只有蜂王幼虫在整个发育期内取食蜂王浆，因此它的发育时间最短，同时新的蜂王会杀死蜂群内其他的蜂王。

天
1 2 3 卵期
4 5 6 7 8 幼虫期
9 10 11 12 13 幼虫在封盖的巢房内化蛹和发育
14 15 16 蜂王孵化

信息素
通常，整个蜂群的蜜蜂能够通过蜂王分泌的化学信息素得知蜂王的活跃程度和健康状况。在众多信息素中，由蜂王上颚腺分泌的蜂王信息素（QMP）是最重要的信息素。

性别选择
蜂王能够控制卵的性别：未受精的卵发育成雄蜂，受精卵发育成工蜂或蜂王。

翅
当蜂王的腹部平放时，翅膀的长度只是其腹部的一半左右。

蜂群的王室
在蜂群中，蜂王的体形明显大于工蜂和雄蜂，虽然蜂王与雄蜂的体重相差无几，但蜂王具有较长的寿命。

腹部
蜂王的腹部略尖，呈长圆锥形，便于其在产卵时轻松地将腹部伸入蜂房。

倒刺
蜂王的蜂针上仅有少量的倒刺，蜂针可以进行多次的蜇刺，只有与蜂群内的其他蜂王斗杀时才使用。

产卵器
蜂王的腹部内具有全部的产卵器官。与交配后进入产卵期的蜂王相比，处女王的体重较轻。

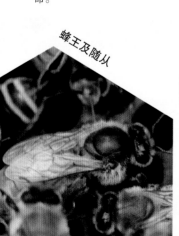

蜂王及随从

蜜蜂的生活史

蜜蜂种群被认为是一个"超级有机体"，这是因为在整个有机体内众多个体的共同努力下，群体的力量远大于所有个体力量之和。蜂群分蜂可以被看作这个"超级有机体"的繁殖，而这个新的"超级有机体"也是由众多个体聚集形成的。当然，蜂王与雄蜂交配产卵，将为种群提供大量劳力。但从"超级有机体"的层面上来看，这个过程可以比作哺乳动物的肌肉，为"超级有机体"的发展提供源源不断的动力。

1 产卵前期
随着春天的到来，天气变暖，百花绽放，蜂王重新开始产卵。随着季节的推移，产卵速度也不断加快，且短时间内达到最高水平。

5 处女王交配
蜂群内新蜂王出台后，将会与蜂群内的老蜂王进行斗杀，最终只有胜利的新蜂王才能够飞出蜂巢与雄蜂进行交配。婚飞后的新蜂王回到蜂群，迅速取代老蜂王。

2 种群扩繁
如果天气、蜜源植物和蜂王都处于最佳状态，那么蜂群会在短时间内迅速扩繁，蜂群内将没有空间供蜂王产卵和存储蜂蜜及花粉。为应对空间缺乏的情况，蜂王将放慢产卵速度。

4 分蜂期
在新蜂王出现之前，老蜂王将率领种群内2/3的工蜂重新选择合适的地点，组建新蜂群。

3 新蜂王产生
新蜂王产生的速度通常由为新蜂王准备王台的工蜂所操控。蜂群内过度拥挤时，工蜂提早为新蜂王的产生做好准备，保证新蜂王出台后有足够的食物，同时保证蜂群内有大量的采集蜂，利于新种群的迅速扩繁。

蜜蜂的行为

蜜蜂种群较高的工作效率与其精细的劳动分工密不可分。一旦蜂群内有新个体出现，它就马上投入蜂巢内外的各种工作中，且工作类型随着龄期的增长也不断改变。

寻找蜜源
蜂巢内的侦察蜂通常通过可供采集的花朵数量、花蜜质量以及与蜂巢的距离来评估开花植物可否作为合适的蜜源。

蜂巢内的来来往往、忙忙碌碌

养蜂的最大乐趣之一就是在阳光明媚的下午，能够轻松地观察到蜜蜂在巢门口忙碌的身影。只要进行仔细的观察，不用打开蜂箱，你就能够了解到蜂群的力量。

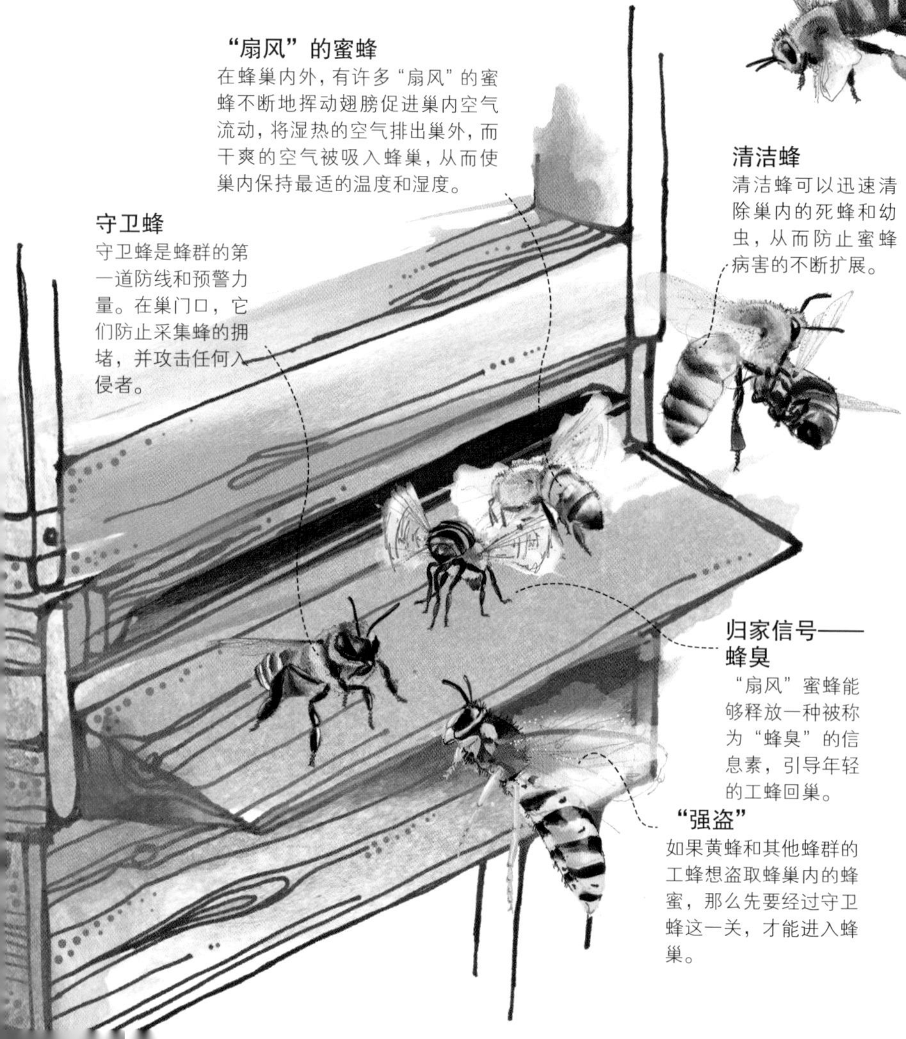

采集花蜜和花粉
采集蜂飞回蜂巢时，蜜胃里面装满了花蜜，同时很多采集蜂的后足的花粉筐也装满了色彩鲜艳的花粉。

"扇风"的蜜蜂
在蜂巢内外，有许多"扇风"的蜜蜂不断地挥动翅膀促进巢内空气流动，将湿热的空气排出巢外，而干爽的空气被吸入蜂巢，从而使巢内保持最适的温度和湿度。

清洁蜂
清洁蜂可以迅速清除巢内的死蜂和幼虫，从而防止蜜蜂病害的不断扩展。

守卫蜂
守卫蜂是蜂群的第一道防线和预警力量。在巢门口，它们防止采集蜂的拥堵，并攻击任何入侵者。

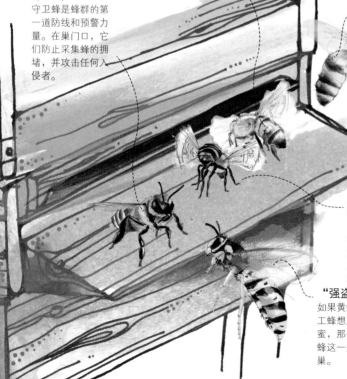

归家信号——蜂臭
"扇风"蜜蜂能够释放一种被称为"蜂臭"的信息素，引导年轻的工蜂回巢。

"强盗"
如果黄蜂和其他蜂群的工蜂想盗取蜂巢内的蜂蜜，那么先要经过守卫蜂这一关，才能进入蜂巢。

工蜂的分工		
内勤蜂	**幼年蜂** 幼年工蜂的主要工作是清理产卵房和保温孵卵。	2
	年轻的哺育蜂 最初几天里，年轻的哺育蜂主要负责饲喂大幼虫。	5
	年长的哺育蜂 经验丰富的年长哺育蜂主要负责饲喂小幼虫。	11
	青年蜂 随着这些哺育蜂被更年轻的蜜蜂取代，它们通常会在蜂巢内进行泌蜡造脾以及简单的蜂巢保护工作。	17
外勤蜂	**守卫蜂** 在成为采集蜂之前，工蜂主要从事巢门防卫工作来熟悉蜂巢周围的环境。	21
	采集蜂 对于蜜蜂来讲，采集花蜜和花粉是一项危险的工作，所以蜂群里只有壮年蜂和老年蜂等高龄工蜂从事采集工作。	35
		45

(表右侧标注：龄期)

蜜蜂幼儿园

在蜂箱内，巢脾内的育子区是新蜜蜂生长发育的地方，在这里蜜蜂会经历卵、幼虫和蛹等发育阶段。在产卵高峰期，健康的蜂王每天能够产2000粒卵，才能确保蜂群内不同龄期蜜蜂数量的稳定。在这个时候，养蜂人应该能够在蜂箱内看到蜜蜂的不同发展阶段。

蜂王产卵
蜂王将它的后足放在目标巢房的两侧，而工蜂则帮助它将其腹部放入巢房内产卵。

❶ 通常卵孵化需要3天时间。

❷ 在接下来的4天里，幼虫每24小时就会蜕皮一次。

❸ 蜕皮可以暂时去除幼虫的坚硬外部骨骼，从而保障幼虫不断生长。

❹ 成年哺育蜂的渐进式喂养使得幼虫迅速生长。

❺ 随后巢房被封盖，蜜蜂幼虫在里面变化成蛹。

❻ 随着蛹的不断发育，其逐渐具备成虫的外部形态特征，体节、足和复眼都是可以观察到的。

❼ 通常蛹的大小和形状不会发生改变，但随着其不断发育，蛹的颜色会逐渐变化。

❽ 首先蛹的眼着色，而其黑化之前通常呈紫色。

❾ 随后身体的其他部分改变颜色，首先是腹部，然后是足和翅，最后是触角。

❿ 成蜂出房后就会立刻投入工作。

王台基
当一个蜂群准备生产一个新的蜂王时，工蜂们就会建造出一个像小杯子一样的王台基。

王台
当蜂王在王台基中产卵后，工蜂会将王台基的蜂蜡不断延长，进而产生花生状的王台，并且垂直挂于巢脾上。

雄蜂房
通常雄蜂的体积要大于工蜂，因此雄蜂房的体积远大于工蜂房，且雄蜂房位于巢框的底部。

巢脾上的生命

在蜂巢内部，巢脾上每个六边形的蜂房都是一个多功能的生命孕育场所。不同用途蜂房的分布是有规律的：通常蜂子区位于巢脾的中央，周围多是填满蜂蜜的蜂房，即储蜜区，而花粉多储存在巢脾的边缘，即花粉区。这种心形的分布被称为"brood pattern"（育雏模式）。

新蜂饲喂

与其他动物相比，蜜蜂的幼年个体都享受着最好的照顾：每个幼年个体都有独立的蜂房以及哺育蜂提供的充足的食物

保护蜡盖
在蜜蜂化蛹阶段，巢房被蜡盖封盖。蜂房内发育成熟的蜜蜂需要将蜡盖咬破才能出房。

幼虫食物
卵孵化成幼虫后，哺育蜂就开始饲喂幼虫。一开始，所有幼虫都有足够的蜂王浆取食。但3天以后，除了蜂王，其他幼虫的食物只是花粉和花蜜的混合物。

封盖子

王浆腺
哺育蜂具有特化的腺体，能够将花粉转化为蜂王浆，并将蜂王浆直接分泌在幼虫的巢房内，使得幼虫畅游在食物的海洋中！

化蛹
当幼虫生长发育到一定时期后，它们必须经历蛹期才能转变成成虫。

蜂王
蜂王的大部分时间都用于产卵。

侍卫蜂
蜂王周围的侍卫蜂会用触角和口喙不断地触碰蜂王，从而对蜂王进行持续的监视，并获取蜂王的信息素。

"皇家通信"
通常，蜂王的侍卫蜂将含有蜂王信息素的食物传递给蜂群内的其他工蜂，才使工蜂能够获得关于蜂王活跃度、健康水平以及产卵效率等的情况，进而确保蜂群工作高效和有序进行。更多关于信息素的种类和作用的知识，参见第48、49页。

懒惰的雄蜂
虽然雄蜂能够养活自己，但它们更喜欢让哺育蜂饲喂。在夏天的时候，蜂群内食物充足，整个蜂群可以忍受雄蜂的懒惰。当冬天来临时，蜂群内食物匮乏，雄蜂通常会被工蜂赶出蜂巢，而被饿死或冻死。

雄蜂的真正任务就是在蜂巢外与蜂王进行交配，即与其他种群共享自己的种群的基因。

食物储存

在现代养蜂业中，养蜂人更加趋向于将蜜蜂巢脾上的蜂子区和蜂蜜储存区分开，在轻松获得更多蜂蜜的同时，能够减少因摇蜜操作导致的蜂群中蜂子的损失。但是这样的做法会使巢脾上花粉和蜂蜜的储存区不断增加，而同一巢脾上蜂子区不断缩小。

蜂蜜酿造
工蜂会将采集到的花蜜反刍到巢房中，让花蜜中的水分不断蒸发。

蜂蜜封盖
当巢房内的花蜜完全转化为蜂蜜后，工蜂用蜡盖将其封闭。

从花蜜到蜂蜜
蜂巢中的工蜂从采集蜂那里获取花蜜后，在不同工蜂之间传递并不断地将其反刍出来，并通过水分蒸发使得蜂蜜的浓度稳定。

晚餐小舞曲
在蜂群内，蜜蜂通过"摇摆舞"这一复杂的方式与其他蜜蜂交流蜜源植物的位置，随后，整张巢脾也将会成为舞蹈的海洋。更多关于摇摆舞作用的内容，参见第42、43页。

摇摆舞的秘密
摇摆舞的强度和时长表明了蜜源的质、量、方向和距离。

崇拜的跟随者
巢脾上越来越多的采集蜂也随之起舞，它们通过舞蹈的类型以及舞者的气味获取蜜源的位置。

泌蜡
蜂巢中出现的任何空隙都会很快被工蜂用新的蜂蜡进行修补，并优化储藏空间。

花粉储存
对于取食蜂王浆的蜂王和取食蜂蜜的工蜂来说，花粉是生长发育过程中最基本的食物。采集蜂利用它们后足的花粉筐收集花粉，将花粉带回巢后塞进蜂房内并嚼碎夯实，用蜜润湿后封盖保存。

蜂链
在蜂巢内很容易观察到蜜蜂泌蜡补脾的行为，因为此时很多蜜蜂会首尾连在一起，形成一条长链，它有时候会挂在巢框的底部。

不同蜜源植物的花粉颜色各不相同。

蜂箱内的温度调控

蜜蜂常被称为"哺乳动物",其中部分原因是蜂群能够一直保持35℃的恒定温度,这与很多哺乳动物的体温相近。这是一项在没有任何"中央系统"调控的情况下完成的壮举,也是种群内成百上千的个体不断地适应环境变化的结果。

蜂子的温控

维持蜂群内蜂子区温度恒定对于蜜蜂幼虫的生长发育至关重要。看似一件小事,但说起来容易做起来难,在必要的时候必须对蜂群中的温度加以调控,否则众多外部和内部因素将导致蜂巢中的温度发生变化。

飞行肌产热

令人觉得不可思议的是,蜜蜂和大黄蜂可以拆解位于胸部的飞行肌与翅的间接连接,并利用强壮的飞行肌产生热量。

在挥动翅膀的过程中,飞行肌会使蜜蜂的胸腔变形。

蜜蜂的翅与飞行肌是间接连接的,二者是可以被拆解开的。

当翅与飞行肌的间接连接被拆解后,飞行肌的振动能量转化为热量。

软蜂蜡
当蜜蜂的体温维持在43℃时,它们分泌的蜂蜡具有最适于造脾的黏稠度。

花蜜中水分的蒸发
在扇风蜜蜂的努力下,蜂巢的温度利于储蜜区内蜂蜜中水分的蒸发,从而使蜂蜜内的水分达到最适含量。

蜂箱内的空调
在炎热的环境下,蜂群内有较多的蜜蜂从事"扇风"工作,以降低蜂群的温度。但环境的温度较低时,蜂巢内的加热蜜蜂则能够产生足够的热量抵御水分蒸发造成的低温。

蜂箱内的湿度
为了防止蜂巢内蜂病的暴发,"扇风"的蜜蜂会在巢门口不断地挥动翅膀将湿热的空气排出巢外,而干爽的空气被吸入蜂巢,从而降低巢内的温度和湿度。

加热蜜蜂
蜂王在产卵的过程中,会习惯性地将蜂子周围的蜂房留空,从而便于加热蜜蜂靠近蜂子并产生热量,为它们保暖。

冬季集群

蜜蜂是自然界中为数不多的能够以种群越冬的昆虫之一。随着气温下降，蜂群内为数不多的工蜂将围绕蜂王形成一个紧密的集群，进而保证蜂群内的温度稳定，这种状态会一直持续到第二年春暖花开蜂群再次扩繁的时候。

保温层
一些养蜂人通过在蜂箱的顶部增加保温层来帮助蜂群保持温度。

能量补给
当蜂群内储存的能量物质消耗殆尽时，养蜂人要在蜂箱内添加糖水以便蜂群补充能量。

热量传递
当位于蜂群最外部的蜜蜂体温下降时，它们通常会与蜂群内部的蜜蜂交换位置，以确保蜂群的温度稳定。

蜂王
在冬季，蜂王通常位于蜂群内最暖和的位置，并且整个冬季都不会离开这个位置。

中心区域
33℃

保温层
24℃

边缘区域
15℃

温度波动
工蜂以蜂群内储存的蜂蜜为能量物质，通过持续不断的飞行肌振动来保持蜂群的温暖。

紧邻储蜜区
为能够及时获取蜂蜜等能量物质，整个蜂群通常聚集在储蜜区和育子区的边界处。

蜂巢"热库"
巢脾上的储蜜区具有类似保温层的功能，能够减缓蜂群内的温度波动。

中心聚集
蜜蜂通常会聚集在蜂箱温度最稳定的中部区域。

"人多势众"
通常生物体的个头越大，其热量散失得越慢，所以蜂群的规模越大越利于蜂群安全越冬。

一起飞舞吧!

为了让蜂群有源源不断的食物,采集蜂通常会将最佳蜜源的质、量、方向和距离等信息传递给蜂群内的其他采集蜂,以便于它们采集花蜜和花粉。然而蜜蜂并不能像我们人类一样能够在地图上指明蜜源的位置,因此它们开发了一种不同寻常的交流方式:飞舞。

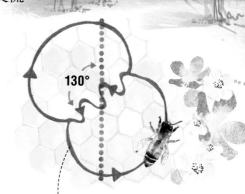

摇摆舞

蜂巢外面的世界是一个明亮的、五颜六色的三维世界,在这个世界里有连绵不断的山丘、奔流不息的河流,以及丰富的蜜源植物。而在蜂巢内,一切都将被二维的巢脾和黑暗所替代,所以飞舞的蜜蜂必须用它的感觉器官来"翻译"蜜源信息,并传递给蜂群内的其他蜜蜂。摇摆舞是蜂群内最常见的传递蜜源信息的舞蹈之一。蜂巢内的采集蜂顺利采集归来后,就通过摇摆舞向巢内其他采集蜂传递蜜源的距离、方向和质、量等信息,具体表现为:归巢的采集蜂通常会在巢脾上按8字形盘旋,当采集蜂在这两个循环之间形成一条直线时,会快速摆动腹部。这条直线则指明了以太阳为准蜜源的相对方向,巢内的其他采集蜂可以按照这个方向找到该蜜源;舞蹈的频率和时长则代表了蜜源的质、量和距离。

蜜源的方位
我们可以假想这是一场在钟表面上进行的摇摆舞,钟表的12点代表太阳的位置,而蜜源所在的方向就是以12点方向为准蜜蜂摇摆舞中轴的逆时针角的方向。

循环轨迹
摇摆舞中的循环轨迹没有包含任何蜜源信息,但领舞者可以通过这些循环不断在蜂群内传播关于蜜源的信息;在此过程中,领舞者还可以不断地产生信息素,从而引起蜂群中更多采集蜂的注意。

舞蹈的关注者
蜂群内的采集蜂仔细观察飞舞的蜜蜂的每一个动作。

触角感应
在整个舞蹈过程中,摇摆舞的跟随者会利用触角不断触碰领舞者,从而感受领舞者的气味、摆动速度以及其他舞蹈动作。

速度和距离
如果摇摆舞的过程漫长而缓慢,表明蜜源距离比较远且质量较差;相反,如果是短而快速的舞蹈,则表明有一个近距离且高质量的蜜源。

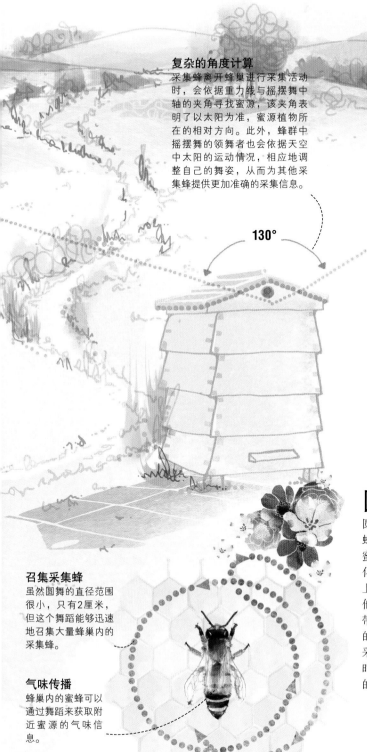

复杂的角度计算

采集蜂离开蜂巢进行采集活动时，会依据重力线与摇摆舞中轴的夹角寻找蜜源，该夹角表明了以太阳为准，蜜源植物所在的相对方向。此外，蜂群中摇摆舞的领舞者也会依据天空中太阳的运动情况，相应地调整自己的舞姿，从而为其他采集蜂提供更加准确的采集信息。

130°

偏振光

蜜蜂对偏振光的可见性，使得蜜蜂在阴雨天仍然能够利用天空中的偏振光导航，进行正常飞行和各种采集活动。

太阳导航

蜜蜂在飞舞时，头朝太阳的方向，表明采集蜂需要朝着太阳的方向寻找蜜源；相反，若是头向下垂，则表明采集蜂需要朝着远离太阳的方向寻找蜜源。

圆舞

圆舞是最初级和最简单的蜜蜂舞蹈。对于距离蜂巢较近的蜜源，蜜蜂通常会利用圆舞来传递蜜源信息，因此摇摆舞被认为是从圆舞不断演化而来的。通常进行圆舞的领舞蜜蜂会在巢脾上以快而短的步伐做小圆周运动，从而吸引其他采集蜂聚集在其周围；同时领舞的蜜蜂会携带有蜜源的气味，以便为其他采集蜂提供足够的蜜源信息。当短时间内有大量的蜜源能够被采集利用，特别是蜜源在离蜂巢很近的地方时，蜜蜂会跳圆舞而不是摇摆舞来召集蜂群内的采集蜂从事采集工作。

召集采集蜂

虽然圆舞的直径范围很小，只有2厘米，但这个舞蹈能够迅速地召集大量蜂巢内的采集蜂。

气味传播

蜂巢内的蜜蜂可以通过舞蹈来获取附近蜜源的气味信息。

蜂蜜工厂

在人类文明的长河中,人类取食和利用美味可口的蜂蜜的历史已经有8000多年了。在这段时间里,蜂蜜被广泛用于人类生活的方方面面,如宗教仪式、疾病治疗等,但是蜂蜜究竟是怎么得来的呢?

蜂蜜"制造器"

对于蜜蜂来说,植物的花是一种很好的食物,但是短暂的花期却带来了另外一个问题:没有花的时候蜜蜂以什么为食?许多物种通过缩短生命周期和减少种群内新个体的数量来度过这个艰难时期,然而,蜜蜂却在每个生长季节不断地扩展种群,种群不衰退的秘诀是,蜜蜂不仅能够将花蜜加工成蜂蜜,而且还能够储存蜂蜜。为了实现这一目标,蜜蜂在不断进化的过程中已进化出一套适应蜂蜜酿造的组织和器官。

真与假

蜂蜜其实是经蜜蜂酿造的花蜜。花蜜的主要成分是不同的糖和水,不同的蜂蜜因这些糖的不同比例而获得独特的风味。

蜂蜜通常被认为对人体具有很多益处,例如蜂蜜能够减轻过敏反应和软化指(趾)甲等。蜂蜜作为一种浓缩的糖溶液,并不适合许多微生物生存,这样看来关于蜂蜜具有药效的说法还是很有道理的。但事实上,没有任何证据可以证明蜂蜜具有特殊的药用价值。

尽管蜂蜜不是什么灵丹妙药,但美味的蜂蜜对于大多数人来讲都难以抗拒。世界上有公认的300多种蜂蜜可供食用,品尝蜂蜜时留给你的美妙感觉要远大于用蜂蜜做面膜(涂遍全身)的感觉。

蜜囊
蜜囊是蜜蜂临时存储花蜜的器官,花蜜将在蜜囊里面进行初步的消化;在将花蜜带回蜂巢后,蜜蜂将其吐到蜂房内保存。

食道
蜜蜂食道肌肉的扩展和收缩能够将花蜜从蜜蜂的口器运送到胃里。

咽下腺
当工蜂从事采集工作时,它的咽下腺就会分泌多种酶,将存储在蜜囊内的花蜜转化为蜂蜜。

花粉筐
花粉的成分与蜂蜜完全不同,但花粉也被作为蜜蜂重要的食物之一,大量存储在蜂房内。花粉含有大量的蛋白质、维生素和微量元素,这些元素对幼虫的生长发育尤为重要。

吮吸结构
蜜蜂口器内的肌肉能够使蜜蜂的下颚和下唇紧密地结合起来,形成一个吮吸花蜜的结构。

反刍
采集蜂采集完花蜜返巢后,会将蜜囊内的花蜜经过食道和口器反刍给其他内勤蜂。

口喙
工蜂通常具有较长的口喙,便于吸取花朵内部的花蜜。

扇风
在花蜜水分蒸发过程中,蜂巢内的空气变得很潮湿。蜂巢内的扇风蜜蜂会在巢门口快速地挥动翅膀,把外界干燥的空气吹进蜂巢,排出巢内湿润的空气。

蒸发
蜂群内的内勤蜂将花蜜反复地吐到舌头的顶端,使花蜜成为一个具有较大表面积的液滴。通过这种方式可以加速蜂蜜中水分的蒸发,降低花蜜的含水量。

封盖保存
一旦蜜蜂的胃里充满了浓缩的花蜜,它就将其反刍到蜂房内。浓缩的花蜜会在巢脾上进一步脱水,当其水分含量降低到17%时,工蜂就会用蜡盖将其封盖保存,避免其再次吸收空气中的水分。

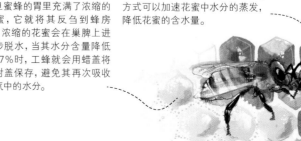

蜂蜜的种类

当地的蜂蜜
这类蜂蜜通常是由家花蜜和野花蜜混合而成的，其口味会受到每年蜜蜂采集的花蜜种类的影响。

三叶草蜜
在室温下，三叶草蜜呈固体乳状。在食用的时候，需要将其快速搅匀，这样有助于保持它的平滑和延展性。

麦卢卡蜜
在新西兰和澳大利亚，由麦卢卡树花蜜酿造的蜂蜜具有特殊的药用价值。这种说法导致了麦卢卡蜜的价格飙升，同时也带来了一个严重的问题：市场内充斥着大量的假麦卢卡蜜。

麦蜂蜜
在巴西，养蜂人正在尝试驯化无刺蜂，并利用其产蜜。与其他蜜蜂相比，无刺蜂脾气更加温和，它们的蜂蜜味道比较淡，但并不便宜。

其他蜜蜂也能酿造蜂蜜吗？

通常熊蜂会在蜂巢的小蜡杯内存储一些蜂蜜，这些蜂蜜量非常少，也仅仅能够维持几天的消耗；同时采集熊蜂蜂蜜通常会破坏熊蜂巢，而且只能采集到很少的蜂蜜，所以采集熊蜂蜂蜜非常不划算。在众多蜜蜂中，无刺蜂是更有前途的蜂蜜"生产商"。它们蜂巢内的蜂蜜储备不仅多于熊蜂，而且它们将蜂蜜储藏在蜂巢的外围，这意味着可以在不破坏蜂巢的情况下收获蜂蜜。与一般蜜蜂相比，无刺蜂并不是很高产，但它们的蜂蜜却因微妙的味道而受到人们高度评价。友情提示：无刺蜂没有蜂针，但它们会用小而有力的下颚对付"强盗"和"小偷"，保护它们的劳动成果。

蜜露
蜜露是某些植物的芽、幼枝、幼叶、花，被蚜虫等具有刺吸式口器的昆虫刺穿，吸食汁液后通过体内的特殊过滤器官，从肛门排出的含糖的甜物质，通常具有令人难以忍受的酸味。

混合蜜
超市内的便宜蜂蜜通常是各种蜂蜜和糖浆的混合物。

巢蜜
蜂蜜是大自然的馈赠。蜂巢内充满蜂蜜的蜜脾经过切割后就是巢蜜；但在生产季节，蜜脾主要用来存储花蜜。蜜蜂也需要消耗大量的花蜜，才能产生足够的用于制作巢脾的蜂蜡。

M&Ms
蜜蜂并不会按照你的意愿在你所喜欢的植物上采集花蜜。前几年在法国一个蜂场内，养蜂人发现蜂巢内的蜂蜜呈蓝绿色。通过对这种不同寻常蜂蜜的来源进行追查发现，蜂蜜变化与蜂场边上生产M&Ms巧克力豆的糖果厂有关。

蜜蜂的蜂蜡

巢房是蜜蜂蜂巢的基本组成部分,是由工蜂分泌的蜂蜡建造而成的,主要用于储存食物、饲喂幼虫以及保护巢脾。六边形的蜜蜂的巢房被认为是自然界最具代表性的建筑结构之一。

巢脾的特性

在正常的环境条件下,蜂蜡具有良好的延展性、防水性和低熔点性等基本特性,这些基本特性也使得蜂蜡成为蜜蜂筑造蜂巢的专用材料;蜜蜂可以很轻易地改变蜂巢内的温度,使蜂蜡可塑性也随之改变。蜂蜡还是蜂巢很不错的防水材料,不仅可以使蜂巢的外部防水,还可以将蜂巢中巢房等干燥的地方密封,防止水进入。此外,蜂蜡具有抗菌作用,有助于减少蜂群的疾病。

蜜蜂的六边形蜂房是蜜蜂长期进化和自然选择的结果,也是生物进化史中生物充分利用有限资源的最好进化案例。蜜蜂分泌蜂蜡筑造巢房需要消耗蜂群大量的物质储备,而蜂房的六边形结构不仅让蜂巢的储存空间最大化,而且耗费的蜂蜡量最少;所以通过这种方式,蜜蜂可以将能量消耗降到最低。此外,六边形结构能够为蜂巢提供最大的强度,能够使蜂巢抵抗较大的外力。人类从蜂巢的六边形结构中获得灵感,仿照巢房结构制造出了各类建筑材料,并广泛应用于航空工业和建筑业中。

泌蜡

年轻的工蜂在腹部末端有8个蜂蜡分泌腺。当蜡腺细胞发育到一定程度后,其能够分泌微小的且薄如纸的透明蜂蜡。蜜蜂将这些蜂蜡收集后揉在一起,形成一个可用的蜂蜡球。

蜡腺

通常处于泌蜡期的工蜂的蜡腺都是可见的,这些蜡腺位于蜜蜂腹部最后4个体节的底部光滑区域。

后足取蜡

蜜蜂后足有一个特化的扩大结构,能够在腹部蜡片脱落之前将其收集。

五颜六色的花粉存储区

巢脾的功能

巢脾是蜜蜂展示自我的舞台。在这里，采集蜂通过舞蹈引导蜂群内其他工蜂进行食物采集；这里也可能成为新老蜂王争斗的战场，同时也为蜂群提供了庇护。实际上，具有特殊结构的巢脾最重要的功能是储存。为了达到建立一个可以无限期繁衍发展的蜂群的目的，蜂群需要找到一个有效的系统：在不减少种群个体数量的同时又有足够的空间存储足够的食物过冬。这个最佳系统的答案就是巢脾。小巧的巢房在建造好后，就可以马上用于蜂蜜的酿造和储存。巢脾上的育子区能够使工蜂的部分组织和器官产生不同特化，并且依据巢房的不同，工

蜂饲喂的食物类型也会相应地调整。雄蜂房和工蜂房的大小差异明显，而王台与蜂房几乎完全不同。此外，这种特殊的巢房结构意味着，当巢脾的一个区域内病害流行时，蜜蜂就可以利用蜡盖将该区域的巢房封闭，阻止病害侵染扩散。因此，蜜蜂种群的典型特征，也是它们的种群得以成功繁衍发展的关键是：在其种群内部，具有完善的自我组织结构，这种结构替代了古老的中央集权的控制。这种典型特征几乎存在于所有的社会性昆虫种群中。

蜂房内的幼虫

未封盖的蜂蜜

巢脾的构造

蜡腺分泌蜂蜡后，蜂蜡会经蜜蜂的前足传递到上颚，经上颚的揉捻加工，蜂蜡具有了最合适的黏度，之后才可以用于蜂巢的建造。在数以百计的泌蜡蜜蜂的共同努力下，蜂蜡被一层一层地不断累积，使其具备巢房的基本形状。同时，蜜蜂会用触角不断触碰蜂房壁，确保其具有合适的厚度，进而达到用最少的蜡来建造具有最大强度的巢房的目的。然而，蜜蜂刚建好的巢房呈圆形，当蜂蜡受热后，蜂巢壁才会慢慢地变直，最终形成六边形的结构。因此，我们可以认为：使六边形的蜂房如此完美的不是蜜蜂，而是蜂蜡。

蜂蜡编织链

当筑造较大的巢脾的时候，正在泌蜡的蜜蜂会在新的巢脾和最近的支撑点之间，形成互相连接的长串。尽管大多数养蜂人都会观察到这种行为，但蜜蜂进行这种行为的目的我们还不得而知！

传递信息的化学物质

信息素是一类由动物产生的，能够引起同类产生反应的化学物质。在蜜蜂种群中，信息素被用于传递关于蜂群生活各方面的信息。蜜蜂对这种秘密化学语言具有极强的适应性和较高的利用率，从另一方面来讲，这是形成蜜蜂社会复杂性的关键。

蜂王通过它周围的内勤蜂将它的信息素释放到蜂巢周围

信息素控制

目前，已发现的蜜蜂信息素多达50多种，这证明其能够同时传递大量的蜂群信息。其中，部分信息素的作用时间较短，如报警信息素等，这类信息素通常能够迅速在整个种群中传播、扩散。而其他的信息素虽然在蜂群内的传播速度慢，但其可以使蜜蜂行为从初步改变到永久改变，如蜂王信息素。信息素可以使不同龄期的蜜蜂产生不同的反应，如蜂群内不同龄期工蜂工作类型的改变。幼虫信息素不仅能促使青年工蜂分泌蜂王浆，还可增加采集蜂的花粉采集时间和采集量。众多的蜜蜂信息素对蜂群发展的作用主要表现在几个方面。首先，蜂群中不需要一套类似机器人的"中央控制系统"来协调蜂巢内外蜜蜂的工作。其次，工蜂的部分组织和结构需要特化后才能从事蜂巢内不同的工作，而信息素能够对不同龄期的工蜂产生不同的影响。例如，特定的信息素能够促使蜂群内的内勤蜂的王浆腺发育和蜂王浆分泌；而对于蜂群内的老年蜂来说，该信息素则促使其王浆腺分泌大量用于消化花蜜的消化酶。最后，蜜蜂的信息素系统具有一定的灵活性来应对不良干扰。当蜂群中青年蜂数量较少时，壮年蜂和老年蜂就可以推迟更换角色的时间，并恢复相应的生理机能，从而帮助蜂群渡过难关。

蜜蜂信息素腺体的种类和位置

腺体指动物机体或人体能够产生特殊物质的一类身体组织。蜜蜂体内的每种信息素腺体都能产生一种特殊的信息素，这些化学物质通常被用于蜂群内部信息的传递。例如，蜜蜂的那沙诺夫腺（臭腺）位于其腹部的端部，该腺体产生的信息素能够轻易地释放到空气中，并引起其他蜜蜂的注意；克氏腺则位于蜜蜂的蜂针周围，当蜂针蜇刺时，该腺体释放报警信息素。蜂群中最重要的信息素——蜂王信息素(QMP)是由位于蜂王上颚的腺体分泌产生的信息素；当工蜂饲喂蜂王时，通过口器传递，蜂王将该信息素传递给它的工蜂"随从"。

那沙诺夫腺（臭腺）
蜜蜂的那沙诺夫腺分泌的信息素，被称为定位信息素。工蜂通常在巢门口释放该信息素，引导蜂群的采集蜂回巢。

克氏腺
该腺体位于蜜蜂的蜂针周围，在蜇刺时其能够释放出报警信息素，提醒并引导蜂群内的其他工蜂做出自卫反应，攻击蜂群的入侵者。

背板腺体
蜂王的背板腺体分泌的信息素的主要作用是帮助雄蜂区分处女王，并引诱雄蜂与处女王交尾。

咽下腺
蜜蜂的咽下腺不能分泌信息素，但它能够激发幼虫信息素的产生，进而诱导内勤蜂分泌蜂王浆。

上颚腺
蜂王的上颚腺能够产生蜂王信息素(QMP)。

杜氏腺
杜氏腺通常位于蜜蜂的腹部，其能够分泌一类附着在蜂卵表面的特殊的化学混合物，以便区分蜂王和工蜂产的卵。

信息素能够控制蜂群的分蜂

幼虫释放幼虫信息素

蜂王信息素(QMP)

在众多蜜蜂信息素中，蜂王信息素是蜂群中应用范围最广、影响最大的信息素，可明示蜂群的维持、聚集、交配，抑制工蜂的卵巢发育，影响蜂群内部的个体和群体的许多其他社会行为。在与蜂王接触的过程中，蜂王的工蜂"随从"们能够收集这些信息素，经过工蜂之间的互相传递，从而使整个蜂群的蜜蜂得知蜂王的状态。随着蜂王年龄的增长，其能够产生的蜂王信息素的量不断下降，这也将促使蜂群内的工蜂们开始为蜂群培育新的蜂王来接替老蜂王的"统治"。

幼虫信息素

依据信息素功能的不同，可将幼虫信息素分为以下几种：第一种是幼虫辨认信息素。该信息素能够让工蜂区分蜂王产的卵与其他工蜂产的卵，同时将工蜂产的卵破坏或从巢房移除。另外一种信息素是由生长在未封盖的巢房内的幼虫分泌的未封盖幼虫信息素。在幼虫化蛹时，该信息素能够促使内勤蜂对未封盖的巢房进行封盖，避免巢房内化蛹的幼虫受到伤害。同时，这些信息素还能够促使蜂巢内的内勤蜂向其他类型工作转移，从而确保蜂群内内勤蜂的比例稳定。而蜂群中被幼虫信息素控制的内勤蜂往往都是被动地从事饲喂、看护等工作。

报警信息素

当蜂群受到外界攻击或侵扰时，蜂群的守卫蜂会在蜂巢门口不断释放报警信息素，让蜂群内所有的工蜂处于高度戒备状态；同时蜜蜂的蜇刺行为也会引起报警信息素的释放，进而招引蜂群内更多的工蜂进行自卫，攻击入侵者。然而，有趣的是蜜蜂的报警信息素的气味与成熟的香蕉的气味非常相似，其原因有可能与我们在信息素由来部分中提到的一样：在生物进化过程中，同样的化学物质在不同的生物体内的功能不同。

召集信息素

当蜂巢周围有一个可采集的高质高量蜜源或者另外一个蜂巢守卫力量较弱且蜂巢内有大量蜂蜜时，回巢的采集蜂在巢内进行摇摆舞的同时，会释放这类信息素，从而吸引蜂群内更多的工蜂离开蜂巢进行采集活动。

信息素的由来

信息素不是社会性昆虫所独有的"秘籍"。事实上，在动物王国里，从高等的哺乳动物世界到低等的珊瑚群落，都能够发现信息素的踪迹，甚至自然界中的部分植物也能够释放出报警信息素，警告食草动物的取食。在众多信息素中，一些信息素的化学物质可以通过不同的方式对多个物种产生不同的影响，这可以让我们了解信息素是如何产生和起作用的：这些受影响的物种是由一个共同的祖先进化而来的，还是只是一个简单的自然选择的例子——相同的化学分子在不同环境中作用不同。同样地，化学成分差异较大的信息素能够使不同物种产生几乎相同的行为反应。例如，蜜蜂和熊蜂都能够产生召集采集蜂信息素，但其化学成分完全不同，这表明它们已经独立地进化出了采集蜂召集的解决方案。

那沙诺夫信息素（定位信息素）引导蜜蜂归巢

在养蜂过程中，烟雾可以掩盖报警信息素

分蜂——新超级有机体的诞生

蜜蜂蜂群可以被看作是由一只蜂王、成千上万只工蜂以及数百只雄蜂组成的一个超级有机体。从超级有机体的层面来看，繁殖就意味着一个新的种群的产生；而对于蜜蜂来讲，这一过程就是蜂群的分蜂。

分蜂的过程

几个世纪以来，蜜蜂分蜂的规模引发人们的敬畏和恐惧。蜂群分蜂时，成千上万只蜜蜂飞到空中构成了一幅令人惊叹的景象。但是，是什么原因导致了蜂群的分蜂？分蜂后蜜蜂都飞到哪里了呢？

❶ 分蜂的因素
在蜂群的不断扩展过程中，蜂群分蜂是由蜂群的多个蜜蜂个体，根据蜂群内外环境中的多个因素所做出的"决定"。

王台基
蜂群在分蜂的前期，蜂巢内的工蜂会构建体积较大的王台基，培育新的蜂王。

❷ 分蜂的征兆
最近人们发现，蜂群分蜂过程是由蜂群内的一小群具有丰富采集经验的采集蜂"策划"进行的，这些采集蜂被形象地称为"风笛手"蜜蜂。在分蜂前期，蜂群中有经验的采集蜂会在蜂群附近找到一个可以聚集蜂群的安全地点。一旦找到，这些"风笛手"就会回到蜂巢，召集蜂群的工蜂为分蜂做准备。

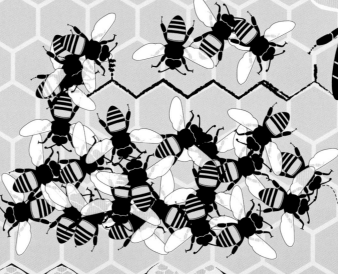

皇家法令
蜂王释放的信息素在工蜂个体之间互相传递的过程中，对工蜂的控制力下降。

微弱的信号
当蜂群的规模达到一个临界点，即蜂群内的工蜂数量太多，且工蜂不能接收到蜂王产生的信息素时，蜂群就要开始分蜂。

蜂巢过度拥挤
随着蜂王产卵量的增加以及蜂巢内食物储备的增多，蜂巢内没有足够的蜂房供蜂王产卵；同时卵不断生长发育成成虫，蜂巢内蜜蜂个体数量也在不断增加，这就使蜂巢内更加拥挤。

王台
一旦蜂王在王台基内产卵，王台基就会被不断加长，并形成花生状的王台。

告别宴
在分蜂开始前，蜂巢内的工蜂会取食大量的蜂蜜，从而确保在筑造新蜂巢的过程中它们有足够的能量和食物储备。

离开时的召唤
在分蜂时，蜂群内的"风笛手"会召唤分蜂的工蜂不断振动飞行肌，为分蜂进行热身准备。

蜂鸣飞行
当分蜂准备就绪后，蜂群内的"风笛手"会在空中进行蜂鸣飞行（buzz runs），引导分蜂群飞离老蜂群。

❸ 分蜂群的飞行

当你观察飞行中的分蜂群时，你会惊奇地发现在同一时间蜂群的运动是那么一致，也是那么随机。在飞行过程中，许多蜜蜂在迅速散开之前会瞬间靠近，这种近乎瞬间的爆发产生了一种类似于烟火的效果。就像成群的鸟和鱼一样，这样的飞行动作是由许多独立个体遵循相同的规则形成的，那就是与周围的个体保持一定的距离。当有捕食者出现时，这些个体就会迅速地散开从而躲避捕食。

新蜂王的魅力

蜂群分蜂时，有2/3的工蜂会离开老蜂群随新蜂王筑造新蜂巢。

集合点

在确定新的筑巢地点之前，蜂群通常会暂时形成一个以蜂王为中心的蜂团，并在一个临时安全地点安顿下来。

❹ 侦察蜂寻找筑巢地点

为了避免天敌的捕食以及食物的缺乏，分蜂群需要尽快筑造新的蜂巢。蜂群内的侦察蜂会离开蜂群并在不同的地方寻找最合适的筑巢地点，通常每只侦察蜂寻找到的筑巢地点不会重复。通常最合适的筑巢地点具备以下几个特点：距离老蜂巢比较近，不大也不小，而且还有较好的庇护。

侦察蜂

一旦蜂群聚集在临时安全地点，蜂群内的侦察蜂就会去寻找一个合适的筑巢地点。

❺ 筑造新的家园

蜜蜂确定一个新的巢穴地点的过程被称为"群体感应"。负责筑巢地点侦察的侦察蜂返回蜂群后，会用摇摆舞来召集蜂群内的其他侦察蜂，并一起实地勘察新的筑巢地点。如果其他侦察蜂对其发现的筑巢地点满意，它们将返回蜂群并用自己的舞蹈来招募更多的侦察蜂到同一地点进行再次勘察；如果其他侦察蜂对该筑巢地点不满意，它们会选择其他备选筑巢地点。当蜂巢内80%的侦察蜂对该备选筑巢地点满意时，蜂群就会转移到该地点筑巢。

分蜂摇摆舞

侦察蜂会用与采集蜂相同的方法——摇摆舞，与蜂群内其他侦察蜂交流筑巢地点信息。唯一不同的是，它们会在蜂群的表面跳摇摆舞，而不是在巢牌上飞舞。

自然界中蜜蜂的天敌

作为植物重要的授粉昆虫,蜜蜂在生态系统的食物链中占有一席之地;同时,它们行为的多样性和分布的广泛性,意味着它们也是整个动物王国中众多捕食者的"美味"。

欧洲狼蜂

在众多蜜蜂捕食者中,体形较大且单独行动的欧洲狼蜂具有令人惊叹的捕食蜜蜂的能力,给人们留下了深刻的印象。欧洲狼蜂在捕获蜜蜂后并没有立即吃掉,而是将处于麻痹状态的蜜蜂带回巢穴饲喂它们的幼虫,这与许多独居蜂为后代提供花粉团的行为类似。大多数欧洲狼蜂是广食性捕食者,只有少数欧洲狼蜂仅捕食特定的蜜蜂。

灵敏的感觉系统
欧洲狼蜂具有非常灵敏的视力和嗅觉,不仅可以准确识别猎物,还可以找到猎物巢穴的微小入口。

强大的力量
欧洲狼蜂非常强壮,它们能够在飞翔的同时捕食猎物,还可以将与它们大小相同的猎物带回巢穴。

地道蜂巢
成年的雌性欧洲狼蜂会挖一个有数个育虫室的长洞穴,并在每个育虫室内准备两只或两只以上处于麻痹状态的蜜蜂供其幼虫取食。

蜜蜂杀手
欧洲狼蜂交配后,每次产34粒卵左右;每粒卵孵化出的幼虫平均要取食6只蜜蜂成虫才能发育成成虫,因此欧洲狼蜂是名副其实的蜜蜂杀手。

进攻模式
如图所示,欧洲狼蜂捕捉到猎物后,通常会将腹部缩至胸前,这样可以很轻松地将蜂针直接刺入蜜蜂柔软的腹部,同时利用自己坚硬的腹甲来防御蜜蜂的反击。

寄生蜂

寄生蜂也是一种可怕的捕食者,它们通常会将卵产在蜜蜂幼虫的体内,并慢慢地折磨蜜蜂。当寄生蜂的卵孵化后,它们的幼虫就从内到外消耗它们的寄主蜜蜂,但并不会杀死蜜蜂,从而使它们有源源不断的新鲜食物。这也使人们越来越担心,在高密度的商业授粉中,单独地繁育蜜蜂的种群扩繁模式会导致授粉种群中寄生蜂的数量激增。

穿刺产卵行为
寄生蜂的产卵器往往很长、很强壮而且很灵活,能够轻松地刺穿蜜蜂的巢房并在蜜蜂幼虫体内产卵。

壁蜂幼虫
大多数寄生蜂的寄生对象是单一的种或属的蜜蜂。褐色齿腿长尾小蜂的寄生对象就是壁蜂。

花蟹蛛

为避免引起不适，蜘蛛恐惧症患者最好不要阅读关于花蟹蛛的内容。花蟹蛛不会把时间浪费在追逐猎物或建造蜘蛛网上，这是因为它们是真正的伏击高手。通常，它们只是躲在花丛里或花朵下面，捕捉在这附近采集花粉和花蜜的传粉者。但是，有些花蟹蛛可以利用自身的体色来伪装自己，其中最简单的方法就是选择与自己体色相近的花朵来隐藏自己。

颜色伪装
弓足花蛛是一种具有双色伪装能力的花蟹蛛。

变化的色彩
在黄色的花朵上，花蟹蛛会使其表皮的外层细胞充满黄色素；而在白色的花朵上，这些色素则由其体内的白色腺体分泌。

去毒行为
食蜂鸟通过在树枝上摩擦猎物来去除毒液。

食蜂鸟

这些美丽且命名贴切的鸟通常拥有华丽的羽毛，它们只会在飞行中捕食猎物。它们还有着异常敏锐的视觉，能发现并快速捕捉到100米以外的食物。虽然食蜂鸟几乎吃所有的飞虫，但蜜蜂和黄蜂通常是它们的主要食物。

自身缺陷
食蜂鸟不在天空飞行时通常显得比较笨拙，这或许可以解释它们为什么喜欢在飞行中捕捉猎物。

蜜蜂的防御策略

为了对捕食者进行自卫反击、照顾蜂群内的蜂子和保护蜂巢内的食物储备，蜜蜂已经进化出了一套强大的防御外敌入侵的机制，以抵御其他昆虫、哺乳动物的入侵。

蜂针

位于蜜蜂腹部末端的蜂针是蜜蜂强有力的防御工具，蜜蜂的蜂针将蜂毒注入入侵者的体内，导致入侵者疼痛或死亡。蜜蜂的蜂针是由位于蜜蜂腹部末端的生殖器官特化而来的，只有雌性蜜蜂具有蜂针。由于蜂毒需要消耗蜜蜂大量的能量才能产生，通常蜜蜂不会轻易地使用它的蜂针，只有在受到严重的威胁时才会使用这个利器。与普遍的看法相反的是，蜜蜂在一般的防御情况下可以用它的蜂针，而且还可以毫发无损地飞走。

蜂针的结构 在蜇刺的时候，工蜂的毒液会通过特化形成的一个尖锐的蜂针注入入侵者体内，在此过程中，蜜蜂的克氏腺释放报警信息素。

毒腺 毒腺也被称为酸腺，是蜜蜂生产毒液的主要腺体。

毒囊 蜜蜂毒液的产生是一个漫长的过程，因此在其腹部有一个小的储存囊，将蜂毒储存起来以备不时之需。

杜氏腺 这个神秘的腺体被认为对蜂针有润滑作用。

蜂针球 蜂针球是蜜蜂的第二个蜂毒储备库。在蜂针球的周围有大量的肌肉，在蜇刺的时候，肌肉收缩将蜂毒通过蜂针注入入侵者体内。

毒液泵 这也是蜂针球的一部分，它们能够控制和限制毒液的流速，保证在蜇刺过程中不浪费蜂毒。

混合疼痛感 蜜蜂的毒液被称为蜂毒，是一种蛋白质混合物。蜂毒会导致局部的疼痛和瘙痒，同时还能够增加蜇刺部位的血液流通速度，从而加速蜂毒在体内的传播。

带刺的防御 蜜蜂通常只会在蜇刺哺乳动物（如我们人类）后死去，这是因为蜂针上的倒钩能够牢牢地将蜂针固定在皮肤上，同时还将蜜蜂的整个蜂针组织拉出体外，从而导致蜜蜂的死亡。

蜂针和毒囊 蜜蜂的蜂针蜇刺后会将其整个毒囊从体内带出来，这时应当将蜂针用手或者工具轻轻地刮除，而不是将其拉出来，将其拉出来只会导致毒囊排出更多的毒液进入体内。

蜂针的倒钩 蜜蜂蜂针的锯齿边缘使蜂针很难从哺乳动物皮肤中拔出。

蜂针鞘 蜂针鞘是蜜蜂蜂针外部坚硬的保护壳，能够使蜂针轻松地穿刺昆虫的外骨骼和哺乳动物的皮肤。

翅的翅钩连锁
在伏击过程中，蜜蜂首先解开它们的翅与飞行肌的间接连接，然后通过翅膀肌肉的快速振动将储存在胸部的能量物质转化为热量，提高蜂团的温度。

大型的食肉动物
日本大黄蜂是一种可怕的食肉动物，通常能够消灭整个西方蜜蜂的蜂群。

热蜂团

当日本蜜蜂察觉大黄蜂靠近蜂巢的时候，它们会释放出一种信息素促使蜂巢口附近的所有工蜂隐藏起来。因此，大黄蜂可以轻易进入蜂巢，但也只有这样，进入蜂巢的大黄蜂才能被多达500只工蜂伏击。当大黄蜂进入蜂巢后，整个蜂巢内的工蜂会蜂拥而上，将大黄蜂迅速地围在中间并形成一个巨大的蜂团，同时工蜂们会快速地振动翅膀肌肉产生大量的热量，形成一个蜜蜂"烤箱"，可以将大黄蜂活活地烤死。在这个过程中，温度的快速升高会增加周围空气中二氧化碳的浓度，同时减少周围可呼吸的氧气量，降低大黄蜂的耐热能力。这样在整个蜂群的共同努力之下，就能迅速杀死大黄蜂，使得蜂群内绝大多数的蜜蜂得以存活。

独特的防御策略 事实上，只有日本蜜蜂通过进化获得了这一独特的防御策略——热蜂团。养蜂人也尝试将西方蜜蜂引入日本，期望通过驯化使西方蜜蜂也能获得该防御策略，但这种尝试失败了，导致失败的主要原因是西方蜜蜂个体对大黄蜂的攻击毫无反击之力。

消耗战

最新的一项关于一种鲜为人知的澳大利亚无刺蜂的研究表明：它们在努力保护自己蜂群的蜂蜜的同时，也会从其他蜜蜂种群中偷取蜂蜜。在对这种无刺蜂进行观察的过程中，科学家们发现无刺蜂利用它们的下颚袭击其他蜂群的工蜂，通常是将其牢牢抓住直到对方死亡。这也就意味着这是一场消耗战，这场斗争中的防守者和进攻者最终都不能幸存；而在消耗战后数量众多的一方才能幸存并获得最终的胜利。如果进攻者成功攻占蜂巢，它们不仅会占有蜂巢所有的蜂蜜储备，还会将蜂群中的蜂王及随从赶出蜂巢，重新培育新的蜂王建立自己的蜂群。

无刺蜂的防御策略
无刺蜂通常使用强而有力的下颚攻击入侵者，来弥补没有蜂针的缺憾。

战斗牺牲
无刺蜂攻击者通常组成大型突袭队，从而突破防守蜂群的防御。但战斗结束时，仅有少数个体能够幸存。胜利的蜂群会成群结队地来到新的蜂巢。

部落战争
一个蜂群并不总是战争的胜利者，获胜的决定性因素是种群承受伤亡的能力。

储蜜区

蜜蜂危机?

据不完全统计,目前世界各地的蜜蜂种群数量都在锐减,每年都有许多关于新病害侵染和栖息地丧失导致蜜蜂种群灭绝的报道。蜜蜂作为地球上主要的传粉昆虫之一,它们种群数量的不断减少已经对依赖它们授粉的植物的生存构成了严重威胁,有些物种甚至将面临灭绝的危机。在这些植物中,大多数是我们人类所依赖的粮食作物。

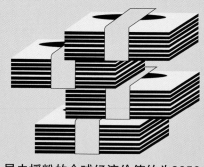

昆虫授粉的全球经济价值约为2650亿欧元

蜜蜂授粉的价值

目前,人类已经形成了关于蜜蜂和其他授粉昆虫授粉价值评估的较为完善的评价体系。通过大规模的商业蜜蜂授粉活动,可以使农民不断地在全球范围内扩大农作物种植规模和种植面积。另外,田间授粉昆虫数量不足,可以导致农作物的产量出现显著性的下降。这是由于在没有授粉昆虫传粉的情况下,少数农作物无法形成果实或种子,从而导致农作物产量的下降。对于大多数农作物而言,蜜蜂和其他授粉昆虫的授粉能够使其丰产。此外,还有部分农作物严重依赖授粉昆虫,如果没有授粉昆虫传粉的话,它们的果实不仅酸涩、畸形,而且保质期短。

授粉昆虫依赖性统计(右图)

右图中关于依赖授粉昆虫的植物数量的统计汇总了数百篇研究论文的结果。从右图的统计结果可以看出,我们人类对授粉昆虫具有很强的依赖性。

在世界种植总量前100的农作物中,有75%的农作物依赖昆虫授粉

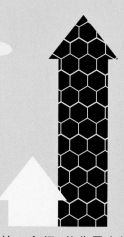

在过去的50年间,依靠昆虫传粉的农业种类已经增长了300%

昆虫授粉可使农作物的产量提高75%

80%的昆虫授粉是由蜜蜂完成的

蜂群崩溃

目前，尽管全球的蜜蜂蜂群损失量只占授粉昆虫总数的很小一部分，但近年来在世界部分地区出现了灾难性的蜂群崩溃，这使一些养蜂人几乎在一夜之间就失去了蜂场内的所有蜜蜂，这种鲜为人知的现象引起了人们极大的关注，人们将这种情况称为蜂群崩溃综合征（CCD）。

日本 25%

美国 30%~40%

欧洲 多达53%

在过去的10年里，已报道的因蜂群崩溃综合征导致蜂群损失的情况

关于蜂群崩溃综合征，人们给出了许多导致该现象发生的原因，如农药的使用、手机信号等。但科学家发现，似乎蜂群崩溃综合征并不是由单一因素引发的，而可能是由多个因素共同作用引起的。蜜蜂种群数量的不断减少，在一定程度上反映了自然界中所有授粉昆虫受到的外界环境压力。与其他授粉昆虫相比，蜜蜂与人类关系密切，因此外界环境压力对蜜蜂的影响显得尤为突出。

生命关系网中的蜜蜂

在自然生态系统中，蜜蜂被认为是一个非常重要的有机组成部分。虽然蜜蜂位于生态系统的较低生态位，但蜜蜂的消失将导致整个生态系统的崩溃。同时，蜜蜂和其他的野生传粉者的缺失会对整个食物链造成严重的影响：位于食物链顶端的捕食者食物来源匮乏；同时由于缺少蜜蜂授粉，食物链底层的植物的产量、种类数量和多样性严重下降，这也会对食物链的稳定造成不良影响。

生态系统中蜜蜂的地位

这个简化的交互生命关系网显示了生态系统中蜜蜂所处的关键位置，以及它们所能影响的不同生物体种类。

注释

→ 捕食者或消费者

⋯⋯ 授粉对象、生产者或食物

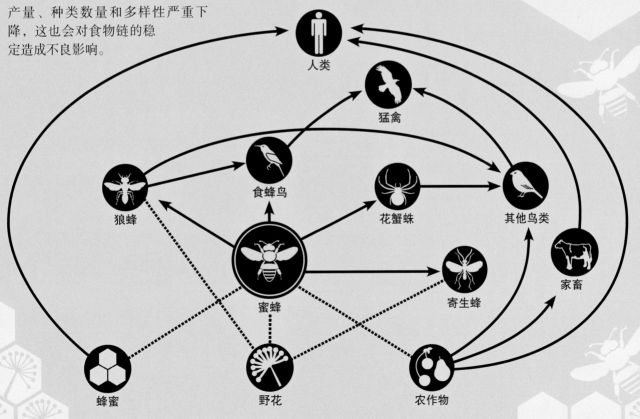

蜂群数量下降的主要原因

蜜蜂和人类之间的关系充满了矛盾。我们在很大程度上依赖它们的授粉服务，在蜜蜂品种选育方面投入了大量的人力和物力。然而，随着种植业的不断发展，蜜蜂面临着更大的外界压力，导致种群数量急剧下降。蜜蜂并不是唯一数量下降的种群，其中一些因素导致了生物多样性的丧失。

转地放蜂

在世界各地，商业授粉具有巨大的经济价值，而在美国更是如此。在美国，大面积的单一农作物品种的种植给野生授粉昆虫留下了很小的生存空间。美国的商业授粉是由迁徙的养蜂人支撑的，这些养蜂人带着大量的蜜蜂在全国各地进行长距离的迁徙，蜜蜂授粉的对象也在不断改变。人们普遍担心，这种大规模的运输可能导致蜂群崩溃综合征的暴发。

注释
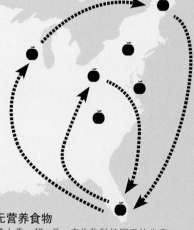
➤ 商业蜂群的主要迁徙路线
● 水果、坚果种植的中心

本地竞争 商业授粉昆虫的突然大量涌入，导致当地的野生授粉昆虫发病率增加及生态位竞争。

卡车运输
蜜蜂蜂群每年运输数千千米。单是扁桃树作物就需要162万箱蜜蜂。

病害暴发
将来自不同地区的蜂箱聚集在一起，加速了美国各州之间蜜蜂病虫害的传播。迁徙的养蜂人会帮助加利福尼亚州的扁桃树和其他农作物授粉。

无营养食物
像人类一样，单一农作物种植园无法为蜜蜂提供维持自身免疫系统健康所需的食物种类。

过度繁育

现代蜂王育种技术已被用于培育完美的蜜蜂品种，但这导致了蜜蜂种群遗传多样性的下降。育种家尚未想到的是：在被抛弃的不完美的蜜蜂品种的DNA信息中，可能含有使它们对新兴的病虫害产生抵抗力或者能够在变化的气候中更好地工作的基因。类似的问题也出现在其他农业部类中，牲畜和庄稼被大规模改造，其生产能力不断提高的同时却丧失了抵抗新病虫害的能力。

培育理想蜂王 理想蜂王不仅繁殖能力强，且其后代具有温顺、易控制、高生产力和低分蜂倾向的特性。因此，蜂王繁殖在各个方面都受到了控制：用于蜂王人工授精的精子来自具有优良性状的蜂群的雄蜂。

大规模种植

大规模单一农作物栽培的耕作方式对野生动物，包括蜜蜂，造成了双重的负面影响。随着传统小规模农场的消失，适应这些不同环境的物种也随之消失。随着世界人口的不断增长，粮食产量也在不断增加；与此同时，随着人类居住地面积的不断扩大，野生环境以及野生动植物都受到了前所未有的负面影响。

无处可逃 蜜蜂和其他野生动物的繁衍生息都需要远离人类的干扰，而大型农场让它们几乎无处藏身。

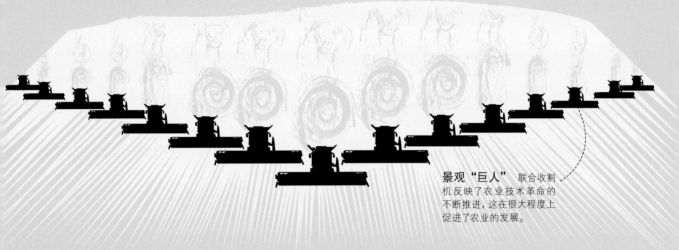

景观"巨人" 联合收割机反映了农业技术革命的不断推进，这在很大程度上促进了农业的发展。

农药使用

在农业生产中，另一个极具争议的话题就是农药的广泛使用。早期的杀虫剂，尤其是滴滴涕，对野生动物造成了可怕的危害。从那以后，杀虫剂变得更有针对性，使用更加规范，危害性也有所降低，但仍然有杀虫剂不合理使用的情况发生。正确合理地使用农药，能够降低病虫害对农作物的危害，从而达到增产增收的目的。而农药的不合理使用，则会对授粉昆虫、人类健康以及生态系统造成严重的影响。

间接危害 部分化学杀虫剂的滥用和乱用能够杀死田间的授粉蜜蜂和害虫天敌等诸多益虫。

化学威胁 随着不同害虫对不同种类杀虫剂的抗药性的产生，越来越多的新型杀虫剂将被开发和使用，这也给蜜蜂带来了新的威胁。

保护蜜蜂：从我们做起

在保护蜜蜂的行动中，我们每个人都是重要的一员。我们个人小小的努力，都会使蜜蜂产生大改变。例如，我们可以在自己的花园里种植各种各样的蜜源植物，使花园变成蜜蜂的天堂；同时我们可以成为保护蜜蜂的志愿者，与周围的人分享我们对蜜蜂的热爱。

种植蜜源植物

对蜜蜂来说，花园里的植物都能够为它们提供一定的食物。如果能够对花园内植物的种类和种植时间进行适当的调整，那么就可以使花园变成蜜蜂的天堂。通常，蜜蜂喜欢访问结构比较简单的花。在众多观赏性植物品种中，蜜蜂仅能够采集部分观赏植物所产生的全部花粉和花蜜，但是它们还是比较喜欢野外的或者近距离的花。如果你所在的地方没有合适的可供蜜蜂采集的蜜源植物，你可以在花园里种植一些牧草，但并不意味着你可以在花园里种植杂草。所以我们在花园里所做的一切，都是为了花园里一年四季都有鲜花盛开。当蜜蜂在采集方面耗费较长时间时，它们的活动时间通常比我们预期的要长很多。在形成了正确的认识后，每年你都会收获足够的蜂蜜和满园艳丽的花朵。

提早种植
如果你的花园中种有较多的早花期的蜜源植物，那么就能够吸引熊蜂在你的花园周围筑巢。

吸引蜜蜂
你可以去当地其他人家的花园或公园，看看蜜蜂正在采集什么植物，然后可以将这些植物移栽到你的花园中。

蜜蜂旅馆
独居蜂会在蜜蜂旅馆的洞里筑巢，并且蜜蜂旅馆内不同大小的洞会吸引不同种类的独居蜂来此筑巢。

提供栖息地

许多花园存在的一个共同的问题是花园中缺乏适合蜜蜂筑巢的地方。许多独居蜂喜欢在枯树枝上筑巢，除非万不得已，尽量不去除掉它们。花园里，灌木丛周围堆积的枯枝和叶子不仅能够抑制杂草生长，还能阻止蜜蜂将巢穴建造在土壤中。为了保持花园整洁，你可以在花园内悬挂专门的蜜蜂旅馆来吸引蜜蜂筑巢，这种旅馆既便宜又容易制作（制作方法参见第78~85页）。

独居蜂 独居蜂虽然不如蜜蜂和大黄蜂那么有名，但它们也同样迷人。花园中的蜜蜂旅馆为你提供了近距离观察它们的机会。

环保活动

当很多人因为同一个目标聚集在一起时，就意味着伟大的事情即将发生。在蜜蜂自然保护区，志愿者为蜜蜂建立新的栖息地，在辛勤的工作中获得了更多的乐趣，并且还能够每年都来到保护区欣赏自己的劳动成果。通过对保护区内蜜蜂种类和数量的调查，科学家们开始真正意识到志愿者的辛勤劳动所带来的好处。从对入侵害虫的监测到对物种分布范围的记录，这些平民科学家们甚至不需要离开他们的后院，也能够为我们科学地理解和认识世界做出真正的贡献。

野外工作 你可以成为一名野生蜜蜂保护的志愿者，保护野生蜜蜂种群的栖息地。

奔走呼吁 通过签署一份请愿书、写一封信、加入一个蜜蜂保护组织等活动，向大家宣传蜜蜂重要的生态价值和经济价值，呼吁大家积极参与到保护野生蜜蜂及其栖息地的行动中来。

健康检查 定期对蜂群进行检查，使蜂群保持健康。当病虫害发生时，应及时向当地的相关组织报告病虫害的发病率，从而使所有的蜂群获得及时的救治。

养蜂

养蜂是一个有趣而有益的爱好。通过养蜂不仅能够学习更多关于蜜蜂的知识，同时也可以分享蜜蜂甜蜜的蜂蜜。然而，我们必须认识到，蜜蜂与其他野生授粉昆虫的生态位竞争给野生授粉昆虫带来了负面影响，同时在减少蜜蜂与野生授粉昆虫之间的病虫害传播和病虫害防治方面担负一定的责任。作为养蜂人，我们有幸能深入了解蜜蜂的世界；至关重要的是，我们要利用对蜜蜂的了解，尽我们所能来保护我们所关心的蜜蜂和野生授粉昆虫。

额外供应 在养蜂场和花园的周边多种植蜜源植物，以缓和蜜蜂与野生授粉昆虫的生态位竞争。

保护蜜蜂：野性视角

虽然个人可以在保护蜜蜂的活动中发挥重要作用，但要真正拯救蜜蜂需要更多人参与到这项活动中来；同时随着科学技术的不断发展，所采取的保护策略也在不断革新。能不能在微生物层面找出导致大量蜜蜂死亡的原因？建立蜜蜂友好型农场是否真的有利于当地蜜蜂种类和数量的恢复？

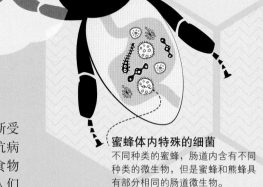

蜜蜂体内特殊的细菌
不同种类的蜜蜂，肠道内含有不同种类的微生物，但是蜜蜂和熊蜂具有部分相同的肠道微生物。

病害防控

在世界范围内，蜂群的转场等人为迁徙活动使野生蜜蜂种群不断受到众多新病虫害侵染。政府和授粉组织希望通过培育具有更强抗病能力的蜜蜂来解决这一严峻问题。与大多数动物一样，蜜蜂的食物消化需要其肠道内的细菌和其他微生物进行消化调节。因此，人们认为生活在蜜蜂肠道内的微生物也有助于提高蜜蜂的免疫力和抵抗力。目前，研究人员正致力于研究农药处理、饮食变化和蜜蜂繁殖对蜜蜂肠道中这一微小的生态系统的影响。

蜜蜂中肠 在所有工蜂的肠道内，都有相似的微生物组，但蜂王的肠道菌群却不同于工蜂，这意味着蜂王通过一种不同的机制获得了肠道细菌。

过度的依赖 如果农作物的商业蜜蜂授粉失败，我们可能需要依靠人工甚至是机器人帮助农作物授粉。

商业授粉的未来

世界范围内的商业蜜蜂授粉种群的崩溃，在一定程度上凸显了驯养传粉昆虫的脆弱性，也突出了抛弃野生授粉昆虫的风险。至少，自然界中的野生授粉昆虫为植物传粉提供了基本的保障；在理想的情况下，野生授粉昆虫可以为农业生产提供一个更便宜、更有效的授粉方案。种植具有不同花期、花朵类型的果树并维持农田景观多样化，才能够将农田的产出与野生授粉昆虫有机结合，获得更多的收获。但如果我们不做一些改变，而是像过去那样采用单一的商业蜜蜂授粉方式，那么就真的有可能彻底摧毁自然界中的野生授粉昆虫种群。

土地利用之争

随着社会的不断发展，大量的土地被当作工业用地、商业用地以及农业用地，这就使得蜜蜂以及其他野生动物的栖息地越来越少，它们只能生活在我们人类栖息地的碎片中或边缘地带。这样的结果会使小而孤立的野生动物种群更容易灭绝。从理论上来说，蜜蜂可以从一个小的栖息地飞到另一个小的栖息地，但两个栖息地之间巨大的人类生活空间可对这一迁飞过程产生巨大而深远的影响。因此，许多野生动物保护工作者试图通过建立绿色走廊和野生动物友好区域，将不同景观环境联系起来，从而使野生动物在不同栖息地之间的迁徙变得更加容易。然而，近期部分研究结果对这种方法的有效性产生了质疑。

土地节约与土地共享

这个标题的意思很简单，就相当于在天平的一端是土地共享：与自然生活在一起，建立野生动物友好型农场，例如，建立授粉昆虫的栖息地，并种植蜜蜂喜欢的蜜源植物。而天平的另一端是土地节约：在非野生动物友好型农场里，尽可能地密集耕种，使农产品的产量最大化。但至于哪种土地使用模式有利于蜜蜂和其他野生动物的生存和发展，目前还没有定论。

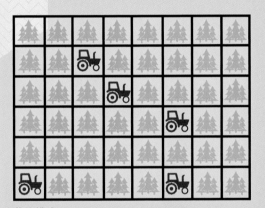

注释

🚜 耕地
🌲 野生栖息地

节约模式

该模式是指在少数规模比较大的农场提高农作物产量，尽管会对田间的野生动物产生不利影响，但更多真正的野生动物栖息地得以保留原貌，并为野生种群的联系和发展提供了便利。

共享模式

这种模式提倡建立野生动物友好型的小农场。通常这类农场农作物的产量会出现明显的下降，所以在同等面积的土地上，需要将更多的荒地转变为农田，而剩下的田块则是分散的。

种群交流

新的蜜蜂迁徙研究结果正在改变我们以往对蜜蜂如何在野生栖息地之间迁徙的看法。在此之前，人们认为在不同栖息地之间，具有较多食物的碎片栖息地是蜜蜂种群间最好的连接物，而具有较少食物的碎片栖息地则是蜜蜂种群间交流的障碍。然而，通过实验发现，与具有较多食物的农田环境相比，在利用松树林隔离的没有食物的碎片栖息地内，有更多的授粉昆虫交流。事实上，蜜蜂在采集过程中的运动路线是一条直线，在采集过程中不会被其他的食物来源分散注意力。因此，在野生动物栖息地内，无食物隔离区可能更有助于两个栖息地的不同蜜蜂种群之间建立联系。

保护蜜蜂：未来的研究方向

蜜蜂科学研究在拯救蜜蜂方面有很大的作用。因为只有真正了解蜜蜂的行为和它们所面临的威胁，我们才能采取有效的措施保护蜜蜂种群。随着对蜜蜂研究的不断深入，我们也不断地发现了蜜蜂的神奇之处，并将其运用到我们生活中的方方面面。

信号映射
通过对地面扫描检测，并在地图上进行叠加分析后，雷达天线发出常规信号。

雷达定位

蜜蜂在不同景观环境中导航的效率会对它们的生存产生巨大的影响。通过在蜜蜂背部安装微小的谐波雷达，研究人员可以监测蜜蜂的飞行轨迹，从而弄明白蜜蜂是如何飞行以及如何选择采集地点的。这项技术目前被广泛应用于研究不同农药对蜜蜂飞行轨迹和导航效率的影响。虽然谐波雷达为蜜蜂飞行的研究提供了巨大的便利，但是在研究过程中该设备容易从背部脱落，如蜜蜂在穿过篱笆的时候，容易被篱笆挂掉。与此同时，更好的监测设备也正在研发中。

起重机
与蜜蜂相比，雷达天线可能看起来很大，但是蜜蜂可以同时携带天线以及大量的花粉和花蜜。

实验室养蜂实验

在蜜蜂种群中，不仅仅只有成虫受到外界因素的影响，农药和疾病也常常影响幼虫，可能更严重的是食物中农药的残留。通常在蜂巢内，由于蜂巢的环境时刻处于不断变化的状态，因此很难评估某个单一因素对蜜蜂幼虫的影响。将一日龄的幼虫转移到实验室环境下，使它们生活的环境相对稳定且能够调控，从而有利于相关研究的顺利开展。

小幼虫
卵孵化后，一日龄幼虫被转移到实验室。

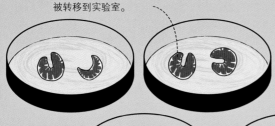

烦琐的工作程序
幼虫必须漂浮在食物上，如果放置的方法错误，它们就会被食物淹死。

机器人蜜蜂

蜜蜂是自然界的一种微小且高效的飞行器模型。哈佛大学科学家正在进行一项令人兴奋的研究计划：仿照蜜蜂的生物系统制造出一种能够自动化飞行的机器人蜜蜂。研究结果表明，这些机器人蜜蜂能够应用于交通和天气监测以及搜索和救援，但它们是否也能取代蜜蜂成为农作物传粉者呢？尽管机器人蜜蜂的开发者认识到将授粉功能纳入机器人蜜蜂的设计并不是最佳的解决方案，但他们希望机器人蜜蜂能够减轻蜜蜂种群的授粉压力，而昆虫保护主义者则致力于扭转自然授粉昆虫的数量下降趋势。

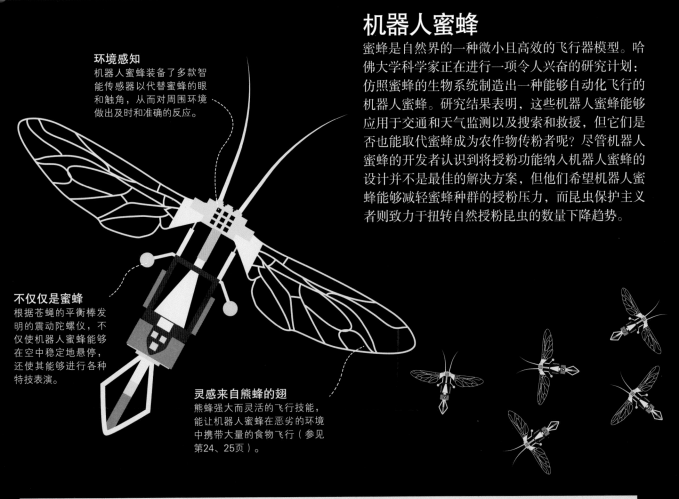

环境感知
机器人蜜蜂装备了多款智能传感器以代替蜜蜂的眼和触角，从而对周围环境做出及时和准确的反应。

不仅仅是蜜蜂
根据苍蝇的平衡棒发明的震动陀螺仪，不仅使机器人蜜蜂能够在空中稳定地悬停，还使其能够进行各种特技表演。

灵感来自熊蜂的翅
熊蜂强大而灵活的飞行技能，能让机器人蜜蜂在恶劣的环境中携带大量的食物飞行（参见第24、25页）。

现代蜜蜂科学之父

卡尔·冯·弗里希是第一个对蜜蜂进行系统研究的科学家。他被认为是研究蜜蜂嗅觉、视力、时间计算、空间定位以及解码蜜蜂圆舞和摇摆舞行为等的第一人。这些工作大部分是他在20世纪20年代进行的，但在研究初期，他的研究想法饱受质疑，尤其是蜜蜂能够通过舞蹈进行个体间交流的想法，但他后来的研究结果证实了他关于蜜蜂舞蹈的理论。1973年，他和另外两位科学家一起获得了诺贝尔生理学或医学奖，这都归功于他们在动物行为学研究方面进行的开创性工作以及对该学科的推动作用。我们现阶段所掌握的关于蜜蜂行为的很多知识和理论都源于卡尔·冯·弗里希的研究，如果没有他在蜜蜂行为学方面的研究和发现做基础，当前许多关于蜜蜂保护的重要研究都将无法顺利进行。

卡尔·冯·弗里希
(1886—1982)

迷人的蜂类

蜜蜂的采集

要想了解蜜蜂是如何飞到花园的,需要了解蜜蜂与花之间是如何进行交流的。比如,当花处在流蜜期时如何将"有蜜待采"的信号传送给蜜蜂,蜜蜂又将如何接收到这些采蜜信号,以及二者之间共同受益的关系是如何在特定的环境下历经千年演变而形成的。

吸引规则

我们无法明确得知蜜蜂在花园的采集行为是如何进化而来的,但它们大概生活在具有零星空地点缀的丛林间。这些林间空地往往是因为一些大型哺乳动物(如野牛、野马、鹿等)的活动而形成的,我们可以想象得到在这些空地中会有草地、白垩草场地。

一旦草场的草被耗尽,这些哺乳动物必将离开去寻找下一个栖息地,树木也将会慢慢在这些空地上重新生长起来。因此,蜜蜂难以拥有一个永久的栖息地,它们不得不随着季节的变换去寻找零散的食物源。在此情况下,蜜蜂通过一系列的方式定位这些零散分布的食物源并将其信息与同伴分享,这对它们来说是至关重要的。从植物方面来看,那些生长在林地深处但又需要蜜蜂传粉的植物,则需要强大的信号机制支持并提供诱人的食物作为回报来吸引蜜蜂。

什么是花蜜?

飞行需要消耗大量的体能。为了在飞行的同时又能有充足的体能进行其他活动,蜜蜂需要一个能量丰富的食物来源。在进化的过程中,花朵最终以花蜜作为高额回报,来吸引蜜蜂帮它们传粉。花蜜是糖类等的混合物,是植物在进行光合作用时产生的,由植物体内的液体携带运输,最终汇聚在一个特定的腺体——蜜腺中。通常,花蜜中的糖是由55%的蔗糖、24%的葡萄糖和21%的果糖构成的,当然花蜜中也可能会存在一些其他化学物质(如氨基酸)。

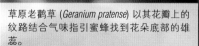

草原老鹳草 (Geranium pratense) 以其花瓣上的纹路结合气味指引蜜蜂找到花朵底部的雄蕊。

假荆芥 (*Nepeta* spp.) 利用它高高的花穗散发出的芬芳气味来告知蜜蜂自己有丰盛的花蜜,从而吸引它们前来。

气味信号

花朵吸引授粉者的重要手段就是它们的气味。我们和蜜蜂一样能闻到香味,香味是扩散到空气中的化合物分子。这些分子嵌入到传感器细胞中,在触发神经冲动后,被感知为气味。至于蜜蜂,这些传感器在它们的触角中。昆虫体内的传感器种类越多,就能感知到越多的化学物质。蜜蜂拥有多达170种不同的传感器,而果蝇只有62种。

这些传感器在蜜蜂体内得到进化,能够感知多种由花朵产生、散发出来的吸引授粉者的香气。如果说颜色是花用来发送远程信号的手段(后文将有详细的解释),那么气味就是用来传送中程和短程信号的。一旦一只蜜蜂在飞行的过程中发现一小片花,它就会被空气中的气味分子吸引而飞到花丛边。选择一个花朵茂密的地方降落后,它会被花上的蜜腺进一步吸引,这可以通过可见的花蜜引导来解释。

花朵气味中包含的化学成分是多种多样的。在最近一项研究中,科学家们共发现了1719种不同的化合物,尽管这项研究只针对为数不多的植物种类。这些化合物都具有挥发性,在植物的生长地,当温度适合时便随着微风挥发出去。像蜜蜂这样的觅食者,为了成功感知花朵发出的香气,它们的触角上必然要存在相应的受体。

视觉、颜色和图案

花朵通过颜色和图案让自己能在很远的地方就被注意到，但这（颜色和图案）往往是人的视觉无法看到的。蜜蜂对光谱的感知与人类略有不同，它们的视觉感知范围向紫外线方向有所偏移，它们看不到红色区域，但它们能在我们看不到的紫外线区域看到一系列光谱。一些看起来朴实无华的花朵，在蜜蜂眼里成为引导它们前往采集的重要的蜜源。

一只即将归巢的蜜蜂

对蜜蜂来说，拥有好的视觉是至关重要的。蜜蜂的每只复眼由5000个独立的晶状体或者说是"小眼"所构成。它们位于蜜蜂头部的两侧，这使得蜜蜂的视野相互重叠，能够判断物体深度和距离，这就是所谓的立体视野或"多重"视野。

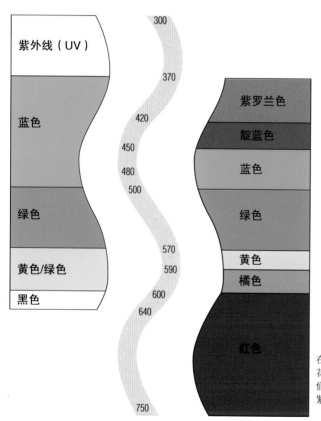

蜜蜂的可视范围	波长（纳米）	人类的可视范围
紫外线（UV）	300	
	370	紫罗兰色
蓝色	420	靛蓝色
	450	蓝色
	480	
	500	
绿色		绿色
	570	
黄色/绿色	590	黄色
		橘色
黑色	600	
	640	红色
	750	

乍看起来蜜蜂的视觉范围比人类小，但是它们具有在紫外线区域识别光谱的能力，这为它们打开了一个人类无法看到的新的色彩世界。

紫外线滤光片
在紫外线滤光片的作用下，反射紫外线的颜料区域呈现红色。

"看不见的"图案
在蜜蜂眼中亮黄色的花瓣是呈黄绿色的，它们可以看到在花中的紫外线图案。

在紫外线滤光片下，人眼看来相对一致的花朵呈现出了不一样的外观，在蜜蜂的眼里它们是用来定向的图案。

电场

蜜蜂在飞行的过程中体表会产生少量正电荷，与之相对，花朵也带有少量的负电荷。这有个最直接的好处：当蜜蜂停靠在一朵花上的时候，由于静电引力，带负电荷的花粉会自动跳到蜜蜂的体表。最近一项研究表明，蜜蜂可以探测到一朵花所带的电场，这可以帮助蜜蜂找到蜜源。此外，正在采蜜的蜜蜂会改变花的电场，为其增加更多的正电荷。电场的变化可以被蜜蜂检测到，这就使得它们很容易探知哪些花的花蜜已经被采完了。

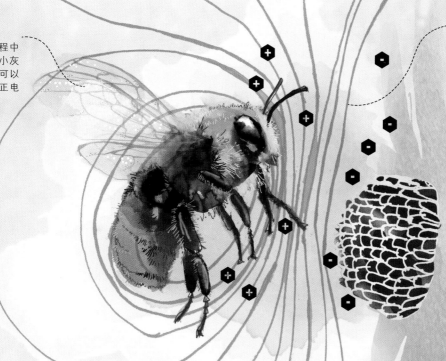

飞行静电
蜜蜂在飞行过程中与空气中的细小灰尘微粒碰撞，可以使其体表产生正电荷。

飞行线路
蜜蜂可以感觉到一朵花周围的电场，并将它当作蜜源的信号。

采集专一性

觅食需要消耗大量的体力，对于蜜蜂来说，将距离最近且花蜜含量最丰富的花朵作为采集目标是十分有意义的。人们注意到一个被称作"采集专一性"的特殊行为，蜜蜂通常基于颜色或是其他特征而持续光顾某一特定的花，即便蜂巢周边存在其他更有价值的花蜜可供采集。这一行为对植物来说是非常有意义的，因为专一采集蜜蜂能够很好地为植物授粉。对于蜜蜂而言，一旦某个蜜源的位置被记忆，就不会轻易忘记。

定位方式

蜜蜂有非常惊人的探知花朵发出的信号的能力，但是如果没有一个有效的定位系统，这项能力就毫无意义了。

长期以来，我们知道蜜蜂和鸟一样，以太阳的方位作为它们飞行时的指南针。即便当太阳被云挡住的时候，蜜蜂也能找到它在空中的方位，这得益于它们能检测到太阳光发射出的能够穿透大气层的偏振光的能力。

人们最近才发现，蜜蜂也能够用记忆中的地标在脑海里组成地图来导航，这项技能通常认为只有哺乳动物的大脑具备。虽然蜜蜂认知地图不如哺乳动物详细，但是它们能用这个初步的空间记忆能力来回想和确定蜜源的位置，并且不利用太阳的位置定位也能回到蜂巢。

此外，蜜蜂也被认为能够感知地球的磁场。有一种理论认为，它们可以"看到"磁力线，从而帮助它们定位。

记忆地图的能力

虽然说太阳是蜜蜂主要的定位工具，但是现在也有人认为它们能够记忆栖息地周边的基本地理信息。

食物源

树

山丘

建筑物

树

河流

蜂巢

摇摆舞

蜜蜂通过舞蹈告诉同伴蜜源信息（具体内容见第42、43页）。

（具体内容见第42、43页）

回家的路

为了证明蜜蜂具有记忆地图的能力，科学家们让一组蜜蜂进入睡眠状态，转换它们的生物钟，当它们醒来时，在无法依靠太阳定位时它们还是能设法找到回家的路。

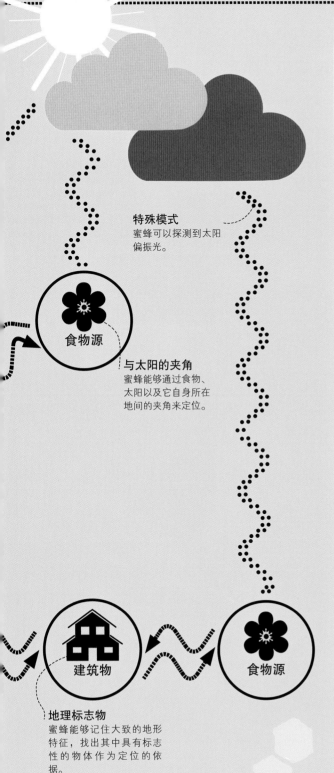

特殊模式
蜜蜂可以探测到太阳偏振光。

与太阳的夹角
蜜蜂能够通过食物、太阳以及它自身所在地间的夹角来定位。

食物源

建筑物

食物源

地理标志物
蜜蜂能够记住大致的地形特征，找出其中具有标志性的物体作为定位的依据。

昆虫授粉和风媒传粉

不是所有的植物都是靠蜜蜂或是其他昆虫来授粉的。植物界中很多树和全部的禾本科植物都是依靠风媒来传粉的。这两个传粉方法有何区别呢？

风媒传粉

风媒传粉有很多好处。从资源利用方面来看，它是最为经济的，因为那些小而平淡的花朵只需将花药中的花粉大量抛出，然后通过羽毛状的柱头将花粉从空气中过滤出来即可。只要有足够的花粉能够满足授粉的需要，这种方法就是有效的。当然，这种授粉方式也有些致命的缺点，花粉是无规则地抛撒在空中的，会有很多的偶然性，可能会导致传粉给自己的"妹妹"或是"堂兄"，而这通常被认为是不可取的。此外，如果授粉时风向错了，或者刚好下起阵雨，就无法完成授粉了。如何更好地通过一个适合的媒介将花粉直接带给另一株植物呢？

昆虫授粉

与风媒传粉相比，昆虫授粉会减少过多的浪费，因为需要的花粉量比较少。建立一些灵活的机制，会大大增加交叉受精的可能性（将遗传物质转移到一个不相关的个体上）。但这也是需要代价的，花朵、气味、花蜜的生成都需要耗费大量的能量，这大概就是昆虫授粉没有完全取代风媒传粉的原因吧。而且过度的专一化也存在着风险：如果昆虫灭绝，依靠单一种类的昆虫来授粉的植物将会面临无法授粉的问题。

榛树的柔荑花序可以很好地依靠风媒传粉。

依靠昆虫授粉的植物，如康乃馨，有着艳丽的花朵吸引昆虫。

花园里的蜜蜂

养蜂在过去被视为乡村里一种典型的业余爱好。想象一下，在一个优雅农舍花园里的苹果树下放几个白色的蜂箱，蜜蜂整天都在树篱和长满野花的草地上飞来飞去的场景。然而现在，你更有可能在城市或者郊区成为一名养蜂人。

随着越来越多的乡村土地被集约化耕作，蜜蜂饲养越来越多地转向城镇。

城市的转变

随着时间的推移，农业越来越快地从多样化、小规模的模式转换为种植单一农作物的大规模农场模式。为了提高效率，灌木树篱被移除了，农作物的"天敌"——蜜蜂赖以生存的各种野花，也被除草剂给清除了。今天，我们的大部分土地都被大面积的由风媒授粉的谷物或牧场形式的农作物所占据。在这样一个世界里，即使蜜蜂在寻找食物方面有着巨大天赋，为了花蜜，这种天赋也已被发挥到了极致。

养蜂逐渐转移到了城市，原因很简单：我们的花园。城市的很多土地是由花园和公共绿地覆盖的。而这些花园通常都种满了花，花的密度比任何野外环境都要高。与乡村大面积种植的以风媒传粉的农作物相比，很明显蜜蜂会更喜欢从花中获取食物。即便是在乡村那些尚未开发的地块里，植物开花的季节性往往也表现得很明显，例如，已进化的开花结籽的草场植物每年8月1日（收获节）就到了收割干草的时候。作为一名园丁，我们都希望自己的花园一年四季都鲜花四溢。当其他地方已经没有花的时候，我们的花园还开满了花，直到9月、10月，这为蜜蜂提供了蜜源，用于储备过冬所需的食物。

花园的优势

野生生物园艺专家已经找出了花园适宜野生生物栖息的优势。为了更好地发展养蜂业，我们需要充分利用这些优势。

植物多样性

通常来说，花园中单位面积的植物种类要远多于任何一个天然植物场地。这是因为，作为园丁，我们会把多样性融入一个小的空间，并通过管理来维持它。在野外，通常只会有少部分的物种能占优势地位，但在花园，我们可以通过修剪、砍伐、清除杂草等方式来控制植物自然生长的过程。

结构多样性

同样，我们也希望能在花园里看到各种形状和形式的植物，所以我们种植大树、灌木、藤本的攀缘植物和葡匐植物、其他草本植物和花坛植物等，它们结合在一起构成了一系列的植物组合，使它们在地面上的不同空间都有花开。

花季

对蜜蜂来说，这可能是最为重要的。野外花期都是有限的，但是在花园里，我们希望尽可能各个季节里都充满着色彩，从春天植物生根发芽到秋后最后一朵花落，我们都在不停地种植。这为蜜蜂提供了连续的食物来源，以便于它们储备食物。

花园的多样性

花园最大的好处就在于不同花园之间多样性的累积效应。邻居的花园通常很少以同样的方式进行建设。对于不受栅栏和篱笆限制的蜜蜂来说，这就意味着在一个城市中有着更多种类的食物可以采集。

城市饲养蜜蜂有着诸多优势：丰富的植物、超长的花期、没有农药的喷洒。

城市公共绿地

我们的城市为蜜蜂及其他授粉者提供了很好的食物资源。然而，并不是所有的城市绿地都是一样的。大多数的私家花园都可能建设成一个鲜花芬芳的庭院，但是我们的公园大都让位给了修剪整齐的景观草坪。这并不是说草坪是没有任何利用价值的。但是，每个公园的每一个角落都需要将草坪修剪到离地面几毫米高吗？在某些特定的角落生长了一些野生的或是人为种植的可供蜜蜂采集的植物，它们增加了公园的色泽，也不至于破坏公园整体的景观效果。在公共绿地中，种植一些略显不整齐的含有大量花蜜的植物，可以为传粉昆虫的生存带来巨大的好处。如果有足够多的人站出来呼吁，让公园管理者明白这个事实——实际上我们并不介意公园有些不整齐，我们更希望草地周围能有更多的鲜花，这将有利于改变他们原有的做法。同时也要指出，带有蜜源植物的区域也减少了每年15次修剪的费用。

堆心菊原产于北美洲的大草原，开花末期会分泌大量的花蜜。

矢车菊是一种野生花，在耕地上曾经非常常见，现在大多种到花园里了。

打造蜜蜂花园

在城市中，我们最大的优势就在于能有自己的后花园。几乎每个人都会有用来种植的空间，即便是在窗台上或在阳台上放盒子种植。可以根据我们的需要，在花园中增加一些额外的设施，如水箱或蜂箱，我们可以把花园建设成为包括蜜蜂在内的所有授粉者生活的天堂。一个小小的花园能起到什么作用呢？或许作用微乎其微。但是，不积小流无以成江海：这成千上万的花园、公园、花盆和吊篮大约相当于城市面积的1/4，这为蜜蜂的生存创建了很好的环境基础。

接下来介绍养蜂室和其他营巢栖息地的建造方法。准备一个和蜜蜂及花园最适合的植物的目录，以及不同形状和大小的花园的种植规划。掌握哪些植物对蜜蜂生存是特别有益的以及如何促使蜜蜂建巢。我们希望把所有可利用的空间打造成为蜜蜂生活的天堂，从而最大限度地提高蜜蜂在花园中觅食的机会，让花园所能提供的蜜源比广阔乡村提供的还要多。但是这里有一些要点要思考。

入乡随俗？

从生态学家关于长期进化过程的观点来看，本土的植物是最适合本土的蜜蜂的。然而，最近英国皇家园艺学会的一项研究表明情况并非完全如此。

他们比较了三组通常长在花园里的植物：第一组是本土植物（英国本土物种），第二组是与本土植物相似的植物（北半球的物种，其中许多与英国本土物种亲缘关系密切），第三组是外来植物（主要是南半球的植物，在英国没有发现过）。结果表明，传粉昆虫更喜爱第二组植物，它们似乎带来了更加丰富的植物结构、颜色、气味，以及开花时间，让昆虫有更多的食物来源可供选择。对于传粉者来说，南半球植物的味道有点太不同寻常了。

避免过度选育

为了改善花卉的特性，如一致性、抗病性、开花时期和各种颜色等，园丁们花了数十年的时间去选育花卉。其结果导致植物的观赏性符合了园丁的要求，但通常对蜜蜂来说没有任何益处可言。在许多情况下，一些其他特性也在无意中被培养出来，比如气味、花蜜甚至是花粉等。育种者最喜欢的一种突变就是所谓的"双瓣型"或"重瓣型"花，这种突变会使花朵产生多个同心圆花瓣，有一种"绒球"的效果。这就使得花朵的结构十分引人注目，但缺点是蜜蜂难以找到迷失在花瓣中的雄蕊和蜜腺。因此，对蜜蜂来说，这些五彩缤纷的花朵虽然可能很有吸引力，但却像麦田一样缺乏蜜蜂所需要的食物。

要考虑花的结构

考虑到传粉昆虫的需要，要选择结构简单、花朵敞开的植物种植。最典型的雏菊花，雄蕊处在中间，周边环绕着花瓣，这也是大家最为熟悉的花的类型。当然还有很多其他类型的"野"花也很受蜜蜂的喜爱。如管状花目的毛地黄和豆科中的某些特色花种，它们的蜜腺虽然难以被发现，但蜜蜂仍然能采集。其实，花园育种是以更便于传粉为宗旨的，比如英国皇家园艺学会的"完美的传粉者"计划。

关于吻长

通常，花的结构是与某类传粉昆虫协同进化的，比如：蜜蜂和短舌的熊蜂容易接近很敞开的花，管状花适合长舌的熊蜂，而最长的管状花通常只适合某些飞蛾。然而有时候，有的蜜蜂会打破这个常规，它们会咬破花的底部，以便获取本来无法采集的花蜜。当然这是一种投机取巧的行为，因为它们从花中得到了回报，却没有帮花传粉。

虽然经过选择性的育种，但这类石竹栽培品种仍会产生花蜜和花粉，并且花朵能保持着一个开放的结构。

蜜蜂无法钻进这类石竹栽培品种的层叠的花瓣中。

蓟花由长管状的小花组成，蜜蜂因为吻太短，无法采集所有种类。

这种鸢尾花的喉管状结构刚好大到足以让两只熊蜂同时进入。

这种豌豆状羽扇豆花十分受熊蜂青睐，它们会用魁梧的身体将花瓣挤开。

这种盛开的老鹳草的花，蜜蜂很容易就能找到带有花粉的雄蕊和蜜腺。

竹筒蜂巢

将竹竿切成一段一段的，并将两端封闭起来，就可以给独居蜂提供现成整洁的蜂巢，几年后可以很方便地移走或更换。

工具和材料

• 卷尺和铅笔 • 直径为110毫米的一段塑料水管或者类似的东西 • 上下一样粗细、直径为10毫米的竹竿（见下文）• 手锯 • 电钻 • 粗绳子或塑料绳 •金属挂钩、坚固的墙壁固定架或者树枝，用于悬挂蜂巢

1 从塑料水管的一端测量出200毫米长并做好标记，用手锯在标记处切开。

2 将竹竿切成比塑料水管短10~15毫米的竹段，使其放入后不会凸出来。切割时一端切在竹节（竹子上关节状的地方）附近，这样每节竹段都有一个开口端和一个封口端。

3 在水管中部，从端面看大约相当于钟表10点和2点的位置标记两个点，然后在标记处打孔。

4 取一段大约300毫米长的绳子，在绳子的一端打一个大结，将没有打结的一端由内向外穿过水管其中的一个孔，再由外向内从另一个孔中穿入，然后在另一端打一个大结。绳子两端都有结。

5 将竹段插入水管中，插入时要注意不要弄松打好的绳结。竹段的封闭端都朝水管的一端并与水管末端齐平，构成蜂巢的后端（背面）。将竹段尽可能多地插入水管中，让它们紧紧地挤在一起，不至于松动。

洞的大小

不同大小的洞会吸引不同种的独居蜂，但它们不会在直径超过10毫米的洞里筑巢。要避免将不同尺寸的蜂巢（竹段）放在一起，以免不同种间害虫和疾病的传播。

将蜂巢挂在朝南或东南方向向阳的墙面上，离地面高度不少于1米，入口不能被植物遮挡。

黏土蜂巢

模拟裸露地面上的自然洞穴，制作坚固耐用的黏土蜂巢。使用传统的或空气硬化的陶土或重黏土，以及富含黏土的花园土壤，但是不要使用聚合物造型黏土，因为它里面有潜在的化学污染物质。

工具和材料

• 卷尺和铅笔 • 厚度为20毫米和10毫米的木板 • 手锯 • 电动螺丝刀 • 直径8毫米、长30毫米和直径2毫米、长20毫米的木螺丝 • 塑料手提袋 • 黏土 • 用来做巢洞的水笔或铅笔 • 直径2毫米、长30毫米的羊眼螺丝 • 粗纤维绳或塑料绳 • 用来悬挂蜂巢的坚固的墙壁固定架或者树枝

1 将厚度为20毫米的木板切成4片大小为200毫米×100毫米的木板。用长30毫米的木螺丝将这些木板组装成一个长方体框架。

2 将厚度为10毫米的木板切成大小为200毫米×130毫米的木板。用长20毫米的木螺丝将其固定在长方体框架短边一侧的外端，使其一端凸出，作为蜂巢的上檐。

3 将木框放在塑料袋上，用黏土填充，直到表面与木框边缘齐平。

4 用水笔或铅笔在黏土上戳洞，洞的直径不要超过10毫米（见第79页）。尽可能多做一些洞，注意不要穿透黏土。剥掉塑料袋。

5 将羊眼螺丝拧在蜂巢的上檐，靠近框架的背面。取一段大约300毫米长的绳子，将绳子的一端打一个大结，然后将未打结的一端穿过一个羊眼螺丝。

6 将绳子拉出，然后穿过另一个羊眼螺丝后打一个结。这样就可以悬挂蜂巢了。

将蜂巢挂在朝南或东南方向向阳的墙面上，离地面高度不少于1米，入口不能被植物遮挡。

木板蜂巢

这也许是最简单的设计,一个钻满洞的木块可以很好地替代蜂类的自然栖息地。避免用防腐剂处理过的木材。

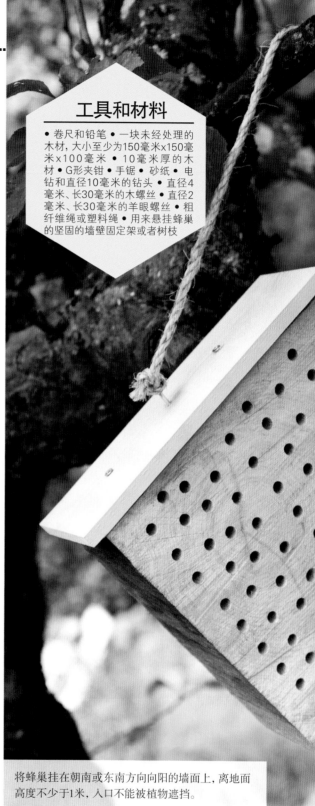

1 测量并将木块切割成所需的大小,用砂纸将所有的木屑都磨掉。另切一块大小为160毫米×120毫米的木板和一块大小为170毫米×120毫米的木板。

2 将木块固定在工作台上,在木块的一个正方形面上钻一系列的小洞,注意不要将木块钻透,所有洞的大小要一样(见第79页)。

3 用木螺丝将上述两块木板固定在木块相邻的两个边上,做成屋脊,使凸出的一边在木块开孔的一侧。此后按第81页的步骤5、6,将羊眼螺丝拧在两片木板的中心位置,然后制作挂绳。

将蜂巢挂在朝南或东南方向向阳的墙面上,离地面高度不少于1米,入口不能被植物遮挡。

草皮蜜蜂栖息地

如果你正好要挖掉院子里的草皮, 这将会是一个很好的机会, 可以就此创造一个授粉者栖息的地方, 或使其成为一个野花生长的地方。与其简单地处理掉一块草皮, 倒不如在空地上把它建造成一个蜜蜂栖息地, 这将会成为挖地蜂的完美筑巢地。

1 选择一个阳光充足的地方, 最好朝南或东南方向。把草皮有草的一面朝下堆在一起, 形成一个南向的大约45°的斜坡, 朝北面(或背面)的斜坡可以平缓一些。栖息地的大小取决于草皮数量。

工具和材料

• 切好的一定尺寸的草皮 • 铲子 • 蜜蜂喜爱的几种植物或它们的种子

2 几个月后, 草皮就会稳固下来, 大部分的草已枯死。这时, 用铲子将南面的斜坡朝下竖直切割并清理干净, 形成一个裸露泥土的表面。

3 在栖息地的顶部和后面撒上几种蜜蜂喜欢的植物的种子, 或者种上蜜蜂喜欢的花草。

托盘蜜蜂居所

这种基本的设计对大多数昆虫都是很适合的, 但可以定制成熊蜂和独居蜂居所。每一到两年就需更换一次干草, 其他大部分的材料都可以坚持好几年, 但最好每五年更换一下整个结构。一般要避免昆虫的骚乱。

工具和材料

•至少4个木质托盘 • 有中央孔的建筑用砖 (建筑用瓦) • 干草 • 破碎的罐子或陶器 • 有一个排水孔的黏土花盆 • 木头下脚料 • 电钻 • 竹段, 一端开口一端封闭 • 手锯 • 破碎的瓦片•草皮或压实的土 • 用来建造屋顶的木板和 (或) 完整的瓦片 • 圆木段

1 选好位置后, 将木质托盘一个一个叠起来。将蜂巢放置在一个可以遮阴的地方, 但最好一天中总会有一段时间阳光能照在蜂巢的正前方。

2 如图所示, 将材料填充到木质托盘的空隙中: 砖有孔的一面朝外放置, 破碎的瓦片和罐子堆叠在一起, 在木头上钻一些直径为10毫米的孔, 切割竹段并塞入空隙中, 放好黏土花盆, 最后用干草填满剩余空隙。

在蜜蜂居所的顶上放置一些草皮、木板、瓦片或圆木段（或它们的组合物），用来防止雨水对蜜蜂居所的侵害。

为蜜蜂挑选植物

栽培的植物有成千上万种，但园丁们选择蜜蜂喜爱的植物似乎并不是那么容易。其实只要记住，选择花朵结构简单且敞开和花期较长的植物，这样蜜蜂就很喜欢成群结队地飞过来。这里有一些最好的蜜源植物供你参考。

如何使用

植物按照类型和开花期来排。下面的符号表示哪些蜜蜂会被花朵吸引，它们是否对蜜蜂有好处，它们是否有花蜜、花粉或者二者兼有，等等。

符号的含义

🐝 吸引蜜蜂

🐝 吸引独居蜂

🐝 吸引熊蜂

(S) 只适合短吻熊蜂

★ 最适合这种蜜蜂的植物

⬡ 对蜜蜂有益

✖ 不适合蜜蜂

◎ 蜜源

✳ 粉源

❀ 开花期

乔木

Malus domestica / 苹果

苹果人工种植已有数千年了。在果树产区，人们趋向于将苹果集中种植，苹果树在早春季节里对蜜蜂觅食有很大帮助。

❀ 4~5月

Prunus avium / 野生樱桃

大量栽培的樱桃的祖先野生樱桃，是一种生长在林地和灌木丛中的细长形树木，对蜜蜂具有很强的吸引力。在春天它会开出许多白色的花朵，供蜜蜂早期采蜜，到了夏天就会结出有特色的果实。

❀ 4~5月

Aesculus spp. / 七叶树

近年来,一种因早期开花而受到重视的树,即结出经典"七叶树果"的欧洲七叶树(*A. hippocastanum*),越来越容易患上多种疾病。如果为了将来种植,最好选择另一种植物,如印度七叶树(*A. indica*)或加利福尼亚七叶树(*A. californica*)。

✿ 4~6月

Sorbus aucuparia / 欧洲花楸

欧洲花楸是一种小且耐寒的树种,长在野外多岩石的地方。小而白色的花密集地生长在顶部,之后长成鲜红的浆果。虽然这种树不是蜜蜂很喜欢的树种,但是它们很适合在贫瘠的酸性土地上生长。

✿ 5~6月

Tilia cordata / 欧洲小叶椴

酸橙(欧洲小叶椴)——不要和柑橘类水果混淆——是一种大型林地树木。黄绿色的花朵十分不起眼,好在它能产出大量的花蜜弥补了这个不足。在好天气里,它产生的花蜜会像雨点一样滴下来。千万别将车停在树下!

✿ 6~7月

Catalpa bignonioides / 紫叶美国梓树

这种外观奇特的树有着巨大的圆锥花序,白色的花瓣上点缀着黄色的斑点,它们可充当视觉向导,引导着蜜蜂采集丰富的花蜜。

✿ 7~8月

Eucryphia spp. / 心叶船形果木

纯种的*E. cordifolia*产自智利的温带雨林,那里生产珍贵的乌尔摩(ulmo)蜜。心叶船形果木只能生长在最温暖的花园里,但*E.* × *nymansensis*及其栽培品种 'Nymansay' 的适应性更强。

✿ 7~8月

灌木和攀缘植物

Salix caprea / 黄花柳

尽管是风媒植物,但蜜蜂越冬后急需补充蛋白质来繁殖后代的时候,它们会采集柔荑花序的植物,如柳树、欧榛(Corylus avellana)和欧洲赤杨(Alnus glutinosa)的花粉。

2~5月

Berberis darwinii / 达尔文小檗

这是一种非常常见的树种,因其顽强的生命力而很受城镇规划者喜爱。达尔文小檗在城市公园附近十分常见,它带来了很好的景观和丰富的花蜜。多刺的枝条和叶子使它成为一种很好的树篱植物。

4~5月

Ribes sanguineum / 多花醋栗

所有的茶藨子属植物都是很好的蜜源植物,包括那些主要为了生产水果而种植的树。但是对于一个观赏性花园来说通常选用多花醋栗,它们在春天会开出红艳欲滴的花朵。

4~5月

Mahonia aquifolium / 冬青叶十大功劳
(俄勒冈葡萄)

虽然名字又叫俄勒冈葡萄,实际上它与一种小檗属(Berberis)植物有亲缘关系。尽管在北美洲本土以外的地方它可能是一种有害生物,但它实际上是一种防弹植物,也是为数不多的一种能在冬天开花的植物。

11月至翌年4月

Ceanothus arboreus / 加利福尼亚丁香

加利福尼亚丁香不太适合种植在寒冷的地带,但可尝试在大棚或朝南的墙壁上种植。花朵会在整个夏季一直盛开,令人叹为观止。

4~10月

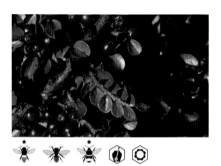

Cotoneaster spp. / 枸子属植物

枸子属植物是蔷薇科的一类小灌木。它们的花虽然看起来不起眼,但是却能产生惊人的大量花蜜。平枝枸子(C. horizontalis)有平向生长的习性,这使它成为理想的篱笆植物。

5~7月

 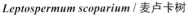

Leptospermum scoparium / 麦卢卡树

麦卢卡树的药用价值几乎达到了神话级别。麦卢卡树在花园里种植已经有多年时间了，但是只有在它的原生地新西兰和澳大利亚才有足够多的数量能够生产出单花蜜。

5~7月

Buddleja spp. / 醉鱼草

大叶醉鱼草（Buddleja davidii）已经很好地适应了城市，如今已成为废弃土地上广泛生存的植物。在花园里，它十分受蝴蝶喜爱，但是蜜蜂更喜好球花醉鱼草（B. globosa）。

5~10月

Rosa glauca / 红叶玫瑰

大多数玫瑰都是重瓣的，所以它们对传粉者不感兴趣。当然，也有一些野外品种和人工栽培品种的花是单瓣的。其中，红叶玫瑰的花是最具有吸引力的，其粉色的花朵和灰蓝色的叶子形成了鲜明的对比。

6~7月

Lavandula × intermedia / 薰衣草 ▶

尽管作为一种顶级的适合蜜蜂的植物而闻名于世，但在最近的试验中人们发现，并不是所有种类的薰衣草都会受到蜜蜂的欢迎：*L.×intermedia*（由*L. angustifolia*和*L. latifolia*杂交产生）在很大程度上超过了所有其他种类。

❀ 6~8月

Escallonia rubra / 南美鼠刺

常绿、耐海风的南美鼠刺是一种很适合在沿海地区种植的植物。在很长的一个季节里，红色管状的花朵一直散发着芬芳并产生花蜜。它们中的很多品种都十分受蜜蜂喜爱。

❀ 6~9月

Lonicera periclymenum / 忍冬

这种细长、管状、有着无与伦比的香味的忍冬花，只有长吻的熊蜂才能采集到花蜜，但其他的蜜蜂会通过咬破花管的底部来吸取花蜜。

❀ 6~9月

Calluna vulgaris / 石楠

即便在被当作荒地进行管理的地方，石楠仍可以大面积生长，幸运的养蜂人在这里可以收获石楠花蜜。然而，即便是在花园里，石楠花也能为蜜蜂提供一个很好的晚季蜜源。

❀ 8~9月

Hedera helix / 常春藤

关于常春藤有很多负面的说法，但我们要明确的是：它不是一种寄生植物。常春藤用树干作为支撑，它只会使老树和病树死亡。常春藤是晚季花蜜的最佳来源之一，在这个时候，几乎没有什么花。蜜蜂也十分喜爱它。

❀ 9~11月

其他多年生植物

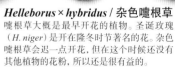

Helleborus × hybridus / 杂色嚏根草

嚏根草大概是最早开花的植物。圣诞玫瑰（*H. niger*）是开在隆冬时节著名的花。杂色嚏根草会迟一点开花，但在这个时候还没有其他植物的花粉，所以还是很有益的。

✿ 12月至翌年3月

Primula vulgaris / 欧洲报春花

欧洲报春花（"第一朵花"）是乡村标志性植物，或许它不是第一个开花的植物，但它一定是很早绽放的。淡黄色的花点缀在路边和树篱上，在几乎没有其他花时也是可供利用的。

✿ 12月至翌年5月

Ranunculus ficaria / 榕叶毛茛

榕叶毛茛是毛茛属植物，是春天最早开花的植物之一。在阴凉的河岸上点缀着一簇明亮的黄色花朵，几乎是金属光泽的花朵，这就是榕叶毛茛的花，是早春花蜜的来源。

 3~4月

Bergenia cordifolia / 厚叶岩白菜

它是一种优良的观叶植物，也是早期很好的粉源植物。在春天，一簇簇粉红色的花朵在低垂的穗状花序上绽放。

 3~5月

Pulmonaria spp. / 肺草

肺草是紫草科中的一员，它是一种长满硬毛，适宜在阴凉环境、潮湿土壤中生长的植物。这种下垂的管状花对一种奇特的、在柔软的灰泥墙上筑巢的毛足花蜂（hairy-footed flower bee）（*Anthophora plumipes*）来说是无法抗拒的。

✿ 3~5月

Taraxacum officinale / 药用蒲公英

药用蒲公英是最常见的野生植物之一，有些人可能称之为杂草，但作为一种蜜源植物，它是了不起的，几乎全年开花，既能提供花粉，又能提供花蜜。如果可以的话，在你的花园里为它找个地方！

3~10月

Erysimum spp. / 糖芥

在苏塞克斯大学对园林植物进行的一项比较测试中，"淡紫色鲍尔斯"(Bowles's Mauve)以其吸引大量蜜蜂、食蚜蝇和蝴蝶的能力脱颖而出，拔得头筹。其他许多糖芥品种也同样受欢迎。

4~6月

Rosmarinus officinalis / 迷迭香

迷迭香是一种来自地中海干燥山坡的经典烹饪用植物，是一种常绿小灌木。针状的叶子使它非常耐旱，而且它在温暖的气候中几乎一年四季都开花。

4~6月

Aquilegia vulgaris / 耧斗菜

一种典型的村舍花园植物。蓝色花的野生物种及不同颜色花的栽培品种都较高产，但不要种植 "啦啦球" 形花朵的（ "pom-pom" -flowered）品种。

5~6月

◀ Papaver orientale / 鬼罂粟

与普通的罂粟相似，但花大得多，有更艳丽的花，颜色从白色到深紫红色都有。花粉产量随花朵体积的增大而增加，大量的深蓝色花粉可供蜜蜂采集。

5~7月

Thymus serpyllum / 百里香

百里香是一种典型的蜜源植物和烹饪用草本植物，可以形成由芳香叶子构成的低矮草垫，上面点缀着淡紫色的小花。在地中海的部分地区，百里香占据着开阔的土地，它可以为生产一种独有的蜂蜜提供足够的花蜜。

5~8月

Geranium pratense / 草原老鹳草

真正的草原老鹳草（不要和相关的天竺葵属植物混淆）通常是很好的蜜源植物，花多且花形大而开放，使蜜蜂很容易采集其花蜜和花粉。

5~9月

Nepeta × faassenii / 猫薄荷

猫薄荷以及与之亲缘关系相近的风轮菜（*Calamintha* spp.）和荆芥（*N. cataria*）都是很好的蜜源植物。花期长达5个月。但要记住，你的蜜蜂可能不得不与当地的猫分享它，它对猫同样具有吸引力。

5~9月

Rubus fruticosus / 欧洲黑莓

欧洲黑莓是一种奇妙的野生植物，在秋天提供花蜜、花粉和美味的水果。虽然野生欧洲黑莓是一种杂草，但通过种植无刺的高产园艺品种，你将获得所有的好处，而没有任何问题。

5~9月

Mentha spp. / 薄荷

香草通常都对蜜蜂有益，薄荷也不例外。有几个品种杂交出了我们熟悉的园林品种——留兰香、胡椒薄荷、苹果薄荷等，它们都长着细小的穗状花序，同样受蜜蜂欢迎。

5~10月

Paeonia spp.与栽培品种 / 芍药

它们是花园中最华贵的植物之一，有着巨大的、半球形的花朵，中心布满了雄蕊。正是这些雄蕊用它们丰富的花粉吸引来了蜜蜂，你经常会看到好几只蜜蜂同时在一朵花上采集。

6~7月

Salvia spp. / 鼠尾草

烹饪用鼠尾草（*S.officinalis*）的种植最为广泛，但也有许多其他优良的观赏品种，如令人惊叹的 *S. patens* 有着鲜亮的蓝色花朵，*S. nemorosa* 的紫色花朵密集成尖塔状。

6~8月

Centaurea spp. / 矢车菊

一些矢车菊品种对蜜蜂有好处，包括大矢车菊（*C. scabiosa*）和矢车菊（*C. cyanus*）。后者现在在野外很罕见，但仍然是一种很受欢迎的园林植物，每年在扰动土壤中生长。

6~9月

Coreopsis lanceolata / 剑叶金鸡菊

作为典型的北美草原物种之一，金鸡菊类植物可在大多数土壤中茁壮成长，其漫长的开花季节也可通过摘去已凋谢的花朵而进一步延长。

6~9月

Agastache foeniculum / 茴藿香

在最近的园林植物试验中，茴藿香的访花昆虫总数得分最高，吸引了大量蜜蜂、食蚜蝇、蝴蝶。

🌸6~10月

◀ **Gaillardia × grandiflora / 天人菊**

其通称blanket flower（毯子花）中的blanket可能指的是印第安人制作的图案鲜艳的毯子，这是一个相当恰当的比喻，特别是这种植物长成一大片时。

🌸6~9月

Trifolium repens / 白三叶草

你不会选择购买这种植物作为花坛边界植物，但白三叶草经常出现在草坪上，应该加以培育。作为一种豆科植物，它不仅能固氮，增加土壤养分，而且是最好的蜜源植物之一。

🌸6~9月

Veronicastrum virginicum / 弗吉尼亚腹水草

一种美丽的植物，然而并没有广泛种植。它能产生高大优雅的、由白色小花构成的穗状花序，访花传粉者的重压几乎可使花序弯曲。

🌸6~9月

Helenium spp. / 堆心菊

堆心菊是一种北美草原植物。小花的中心锥部可产生大量的花蜜，蝴蝶和蜜蜂都喜欢这种植物。

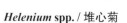

🌸6~10月

Linaria spp. / 柳穿鱼

紫红柳穿鱼（*L. purpurea*）是一种优雅的植物，其像金鱼一样的花具有细长的距，很受长吻的熊蜂喜欢。它的野生"亲戚"*L. vulgaris* 开着硫黄般黄色的花。这两种植物的花蜜都被保存在花下的距中。

🌼 6~10月

Echinops ritro / 硬叶蓝刺头

硬叶蓝刺头密集花朵组成的球形头状花序和金属蓝色光泽的茎与叶，在花坛边缘的作用很重要。再加上蜜蜂喜欢它，你就有了一种多用途的植物。

🌼 7~8月

Eryngium spp. / 刺芹

刺芹的花虽小，但数量庞大，呈椭圆形，被多刺的苞片包围。在栽培中有几种常见的植物，如 *E. planum* 和 *E. giganteum*，大多数刺芹的茎和叶上有银色的金属光泽。

🌼 7~8月

Eupatorium spp. / 泽兰

大麻叶泽兰（*E. cannabinum*）是潮湿草地上的一种蓬乱的野花，那些蓬乱的紫色头状花序是由无数的小花组成的。北美的黄花泽兰（*E. maculatum*）对蜜蜂也许更有吸引力。

🌼 7~9月

Scabiosa columbaria / 小轮峰菊

长满小飞蓬的花朵，像小插针包，点缀着雄蕊。淡紫色的头状花序由几十朵小花组成，每朵小花都为蜜蜂和蝴蝶提供了丰富的花蜜。

🌼 7~8月

Dahlia bishop / 大丽花主教系列

选择性育种培育了一系列令人眼花缭乱的双花蓬和仙人掌绿的大丽花品种，其中大多数品种的花朵结构都太复杂，蜜蜂无法钻进去采蜜。选择一些花朵更为敞开的品种种植，比如"兰达夫主教（Bishop of Llandaff）"。

🌼 7~9月

Liatris spicata / 蛇鞭菊

这种北美草原植物蓬乱的紫色穗状花序，完美地点缀在边境上较低矮的物种之间。它不仅吸引了大量的蜜蜂，还深受蝴蝶的喜爱，在秋天还为鸟类提供种子作为食物。

🌼 7~9月

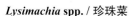

Lysimachia spp. / 珍珠菜

许多珍珠菜种类，包括有独特的倾斜长钉子形白色花序的L. clethroides和有直立长钉子形黄色花序的L. punctata，都生长在花园。所有种类都可为蜜蜂提供花蜜和花粉。

❀ 7~9月

Monarda spp. / 美国薄荷

作为一种典型的蜜源植物，常见种类的花对蜜蜂来说太长了，但很受长吻的熊蜂青睐。长着短吻的蜜蜂只能在花的基部咬开一个洞以获取花蜜。

❀ 7~9月

Origanum vulgare / 牛至

在野外，马郁兰（O. majorana）能为那些有幸住在附近的养蜂人提供大量的花蜜。我们其他人可以在花园中种植牛至，也可以用它烹饪菜肴。

❀ 7~9月

Sedum spectabile / 八宝景天

八宝景天一直被认为是非常适合蜜蜂的植物之一。然而，并不是所有的品种都一样，有些品种比其他品种更有吸引力。在选择之前，试着在阳光明媚的日子里观察植物，看看它们的表现如何。

❀ 7~9月

Stachys byzantina / 绵毛水苏

绵毛水苏不仅是一种很好的蜜源植物，还有另一个好处：可为袖黄斑蜂（Anthidium manicatum）提供筑巢材料。这种蜂的雌蜂会从叶子和茎上剃刮出茸毛来建造它们的育子巢房。

❀ 7~9月

Aster spp. / 紫菀

紫菀往往有很多花，集中成片种植可以吸引大量的传粉者。选择A. novae-angliae和A. novi-belgii中花瓣敞开的品种；避免种植重瓣花种类，这种花对蜜蜂来说太密集了，不便采集花蜜。

❀ 7~10月

Echinacea purpurea / 紫松果菊

美国大草原上的一种美丽的花,最近名声大噪。产生花蜜的小花组成的橙色锥形中心和条带状或辐射状分布的紫色边缘花共同构成的花序格外引人注目。

🌼 7~10月

Penstemon heterophyllus / 山麓柳

山麓柳的花朵为肥厚的管状,蜜蜂可利用的花朵颜色从蓝色到红白双色不等,可持续大量开放至第一次下霜。

🌼 7~10月

Solidago spp. / 一枝黄花

栽培的一枝黄花有很多种,如"凶恶"的 S. canadensis和较为雅致的S. virgaurea。像"烟花"这样的品种是较好的花园植物,黄色的花朵构成的穗状花序呈拱形,像凝固的爆炸烟花一样。

🌼 7~10月

Rudbeckia fulgida / 全缘金光菊

全缘金光菊原产于北美东部的大草原。在花园里种植着许多品种的全缘金光菊,其中的变种 Rudbeckia fulgida var. sullivantii 'Goldsturm' 是一种特别的自由开花的品种。

🌼 7~10月

Lythrum spp. / 千屈菜

千屈菜(L. salicaria)长着浓密的紫色穗状花序,是欧洲河岸和池塘边的一种美丽的野花,但在北美它是一种有害的杂草。美国的园丁们应该尝试种植侵略性不那么强的帚枝千屈菜(L. virgatum)。

🌼 8~9月

Anemone hupehensis / 秋牡丹

秋牡丹在秋天几乎没有其他蜜源的时候开花,茎干高大,在没有支撑的情况下很容易散乱,但它提供的晚秋食物,对蜜蜂来说是非常有价值的。

🌼 8~10月

Verbena bonariensis / 柳叶马鞭草

柳叶马鞭草是20世纪90年代的重要植物,现在仍然是一种受欢迎的、有价值的草本植物。又高又细的茎几乎是看不见的,所以紫色的花像是飘浮着的,似乎没有支撑。

🌼 7~11月

二年生植物

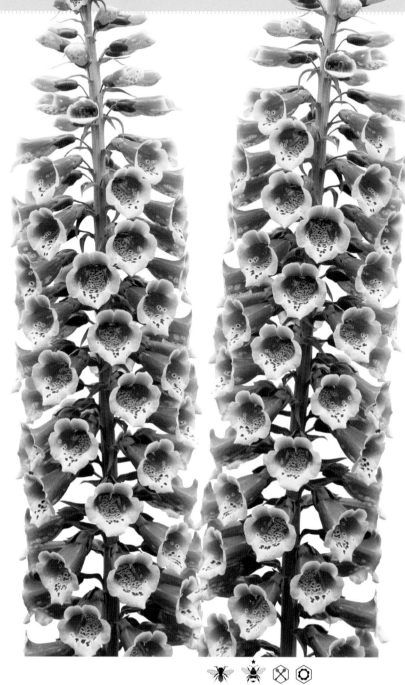

Echium spp. / 蓝蓟
蓝蓟（*E. vulgare*）和它的地中海表亲车前叶蓝蓟（*E. plantagineum*）是生长在干燥、排水性良好的土壤中的植物。蓝色和紫色的穗状花序非常引人注目，这两种植物都很受多种蜜蜂和其他传粉者的欢迎。

✿ 6~7月

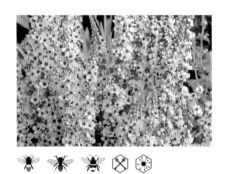

Verbascum spp. / 毛蕊花
毛蕊花（*V. thapsus*）（常见的毛蕊花属植物）高达2米，花穗非常醒目，花粉储量丰富。有更小的品种适合花园种植，如*V. chaixii*，它有着毛茸茸的紫色雄蕊。

✿ 6~8月

◀ **Angelica archangelica** / 圆叶当归
圆叶当归是伞形科植物的一员，其伞形花序是由数百朵独立的小花组成的。它们共同组成了一个停落平台，深受许多蜜蜂和食蚜蝇的喜爱。

✿ 7~8月

Digitalis purpurea / 毛地黄
毛地黄是熊蜂的最爱，它是二年生植物，在树木凋落留下的林间空地上生长。第一年，它产生一个由宽而多毛的叶子形成的莲座丛；第二年，它会长出一束由有斑点的花朵组成的高耸花序。

✿ 6~9月

一年生植物

***Papaver rhoeas* / 虞美人**

虞美人是扰动土壤上的典型花朵，也是第一次世界大战战壕的象征。普通虞美人是深紫色花粉的绝佳来源。雪莉虞美人（Shirley poppy）的花的颜色也同样丰富。

5~8月

***Borago officinalis* / 琉璃苣**

琉璃苣是一种典型的蜜源植物，花在很长一段时间里盛开。在开花的这段时间里，它的花蜜经常被许多蜜蜂和熊蜂采集。白而稀的花蜜产量丰富，叶子有黄瓜的味道。

4~10月

***Phacelia tanacetifolia* / 艾菊叶法色草**

近年来，钟穗花属植物从无到有而成为蜜蜂采集花蜜的首选植物。它是紫草科植物的一员，为一种北美本土植物，偶尔作为绿肥作物或蜜源植物混合种植。

4~12月

***Nigella damascena* / 黑种草**

黑种草是古老的村舍花园的最爱，它盛开的令人惊艳的蓝色花朵，被一团羽毛状的苞片包围着。膨胀的、有角的种子荚也很吸引人。它原产于南欧，在干燥、受扰动的土壤中生长得很好。

5~9月

***Cynoglossum* spp. / 琉璃草**

倒提壶（*C. amabile*）和红花琉璃草（*C. officinale*）是紫草科的成员，很受早熟熊蜂和普通熊蜂欢迎。需要提醒的是：种子有钩刺，可以帮助它们传播得更远、更广。

6~8月

***Coreopsis tinctoria* / 两色金鸡菊**

它是一种菊科植物，来自北美的大草原。花朵呈金黄色或混合色，是对蜜蜂很重要的花粉和花蜜来源。

6~9月

***Nemophila* spp. / 喜林草**

紫点幌菊（*N. maculata*）（五斑婴儿）和不那么艳丽的喜林草（*N. menziesii*）（婴儿蓝眼）是非常容易种植的植物，能适应各种土壤和环境。它们在较冷的地区也能生长得很好，虽然会被冻死，但它们可自繁自育。

6~10月

Gypsophila elegans / 缕丝花

这个常见的名字就描述了在纤细的茎上大量开放的白色小花，它们代表着大量的花蜜。多年生种类蜜蜂也能利用，但不要种植重瓣花的种类。

✿ 7~8月

Iberis amara / 屈曲花

它是卷心菜和芥菜的"亲戚"。屈曲花的花朵为四瓣的小花，形成一个扁平的头部，充当授粉者的降落平台。多年生种类，如伞形蜂蜜花（*Iberis umbellata*），外形相似但一般较大。

✿ 5月

Lobularia maritima / 香雪球

香雪球是芥菜家族的另一个成员，为海岸沙丘和海堤上的一种多年生野生植物。然而，在花园中，它往往被视为一年生植物，并在干燥土壤的地面上生长良好。

✿ 7~8月

Eschscholzia californica / 花菱草

毫无疑问，花菱草花的颜色为明亮的橙色。它几乎不产蜜，但它的深紫色花粉丰富。亮黄色花朵和象牙白色花朵的种类蜜蜂可以利用。

✿ 7~9月

Helianthus annuus / 向日葵

每个人都熟悉向日葵那高耸的金色花朵。向日葵是菊科植物的一员，它们低垂的"花"实际上是由数以百计的小花组成的，每一朵小花都产出自己的花蜜。

✿ 8~10月

球茎（鳞茎）植物

Eranthis hyemalis / 菟葵
菟葵是最早开花的植物之一，在1月最黑暗的日子里，它们的花朵就像黄色星星一样点缀在树林中。你可以将毛茛科的这个成员自由移植到你喜欢的地方。

1~3月

Crocus tommasinianus / 托氏番红花
番红花对养蜂场来说几乎是必不可少的，可以为蜜蜂早期繁殖提供所需的重要花粉。有许多适合的品种，但托氏番红花肯定是其中最好的，在2~3月开花且可以自由移植。

2~3月

Galanthus nivalis / 雪花莲
雪花莲是另一种养蜂场必备的球茎植物，几乎只能被蜜蜂利用，而且是蜜蜂在2月重新活跃起来时为数不多的花粉来源之一。

2~3月

Scilla siberica / 西伯利亚蓝钟花
西伯利亚蓝钟花是蓝铃花的一个较小的"亲戚"，冬天末期开花，它那引人注目的蓝色花朵经常从雪中探出头来。斑驳的树荫下或开阔的草地上是它喜爱生长的地方，移植到这些地方它很快就会被驯化。

2~3月

Allium schoenoprasum / 香葱 ▶
葱家族的很多成员都很受蜜蜂的欢迎，香葱也不例外。像它的"亲戚们"一样，它细长的管状茎上有圆形的头状花序。如果想在更大范围内种植，可以试种圆头花葱（A. sphaerocephalon）或白毛叶葱（A. christophii）。

6~8月

盆栽蜜源植物

即使没有土地，你仍然可以为蜜蜂提供食物，通过在花盆里种植对蜜蜂有益的花朵来吸引它们。唯一真正的限制是你的容器的大小和你能多久浇一次水。

如何种植

1 如果需要的话，在容器底部钻一些排水孔。很少有植物能忍受待在水里。

2 用花盆碎片盖住排水孔，防止它们被堆肥堵塞。

3 无泥炭堆肥、表层土或过筛过的花园土装到容器的3/4满。如果你喜欢，可以在这个阶段加入肥料球和（或）保水珠。把植物栽在适当位置上，用更多的堆肥和水填充空隙。

护理小贴士

保持堆肥湿润并定期浇水。1周浇透一次或两次比每天少量喷洒更有效。更小的容器，尤其是在阳光充足的地方，土壤会很快干燥，在干燥期你可能需要每天浇水。

种植时在堆肥中加入保水珠，以减少所需的浇水量。

如果你工作时间长，或者你要去度假，可以考虑使用自动灌溉系统。

摘去凋谢的花朵，使植物看上去美观并促进新花的生长。

一旦花期结束，移除一年生和二年生植物。如果主要的多年生植物长得很好，它们就可以保留下来。

选择植物

我们的设计遵循了一个三层级原则，即一种高大的、中间的"突出"植物，被一层中等高度的植物包围，边缘是低矮植物。通过混合和匹配这三个类别的植物来创建你自己的设计；如果你的空间有限，从两个类别中选择。

突出植物

1 茴藿香

2 毛地黄

3 一枝黄花

• 蓝蓟

• 毛蕊花

中等高度植物

4 黑种草

5 香雪球

6 法国万寿菊

• 条叶糖芥"淡紫色鲍尔斯"

• 屈曲花

• 紫红柳穿鱼

• 八宝景天

低矮植物

7 百里香

8 旱金莲

9 荷包蛋花

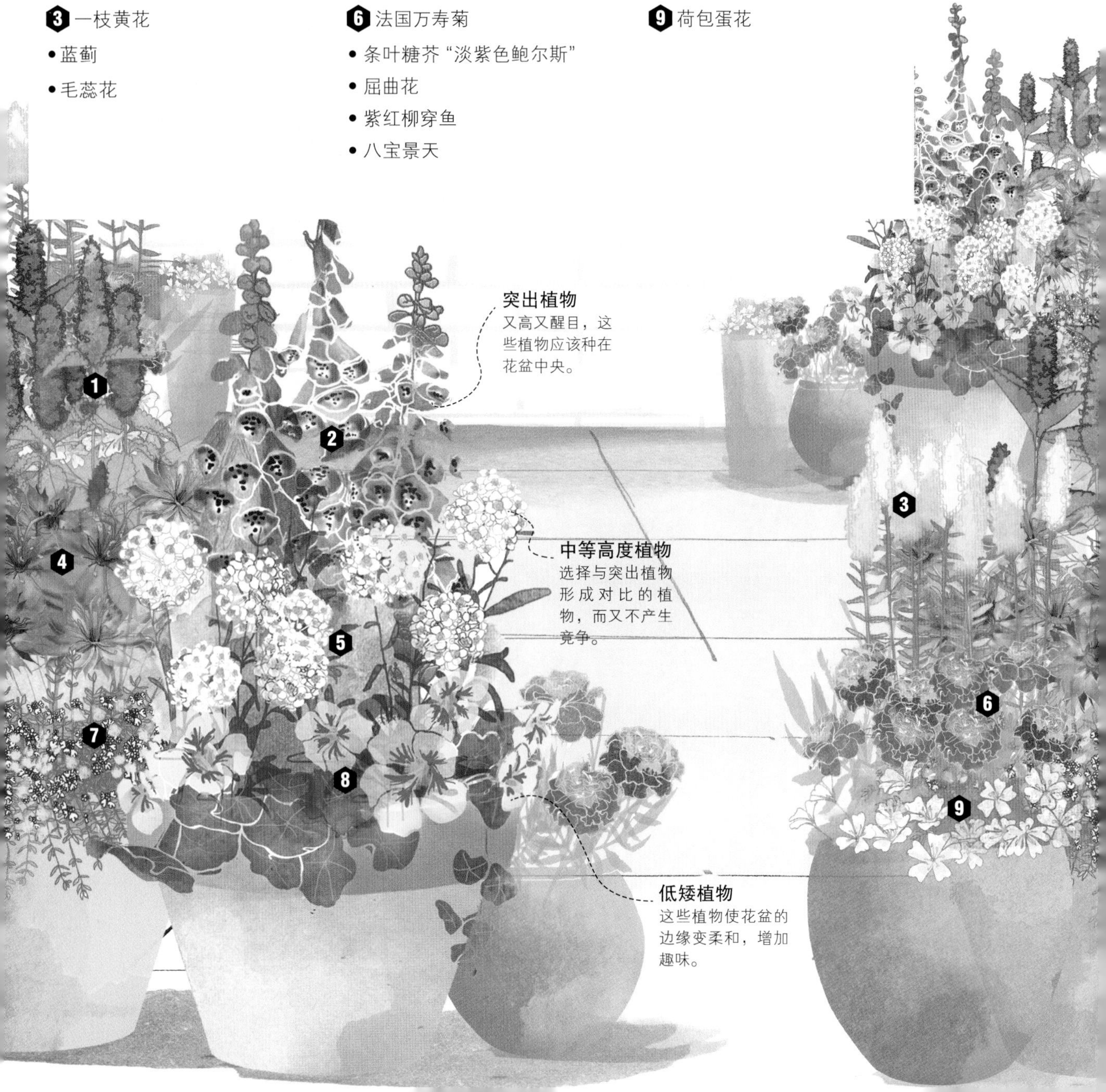

突出植物
又高又醒目，这些植物应该种在花盆中央。

中等高度植物
选择与突出植物形成对比的植物，而又不产生竞争。

低矮植物
这些植物使花盆的边缘变柔和，增加趣味。

菜园

为什么蜜蜂应该利用所有的植物？我们完全可以自己种植蜜蜂喜欢的植物来喂养蜜蜂。事实上，许多受欢迎的植物，如豌豆、蚕豆、洋葱和大多数水果，为传粉者提供了很好的食物。为什么不给你的菜园添加一点额外的嗡嗡声，用一个挤满美味的香草菜园作为蜜蜂友好的邻居呢？

种植的选项

如果你想要有立竿见影的效果，快速生产成熟的植物是最好的选择，尤其是当你没有任何空间供种子生长的时候。然而，价格会相当高。

让植物从种子开始生长是最便宜的选择，但是需要足够的时间让你的植物达到能利用的大小。将单个的种子种在托盘或小盒中，当幼苗足够大时，将其移植出来。旱金莲是一年生的，最好原地播种。

穴盘植物是在模块中生长的小型植物，通过这种方式种植植物是获得多种植物的一种非常经济有效的方法。可以从花卉商店连同托盘一起购买，也可以在网上订购并邮寄。

护理小贴士

在罐子里种植薄荷以控制它的扩张，防止其生长不受控制。

去掉薄荷、百里香、迷迭香和马郁兰的生长点，促使其生长得更茂盛。

将开花后的薄荷和韭菜剪短，以促进新的生长。

春天的时候把迷迭香的冻伤部分修剪掉，然后把瘦长的枝干剪短，在夏天第一次开花后把它们整理好。

在一个生长季结束的时候，拔掉旱金莲和半耐寒的马郁兰（如果是一年生的），但记住要抖掉种子，以确保来年开花。

果树栽培
吸引蜜蜂到菜园，将会提高授粉的机会和结果期植物（如苹果）的坐果成功率。

豆类盛宴
蜜蜂喜欢豌豆和蚕豆的花，熊蜂更是如此，它们可以帮助人们获取大丰收。

植物选择

这个种植方案是为菜地边缘和高位栽培床设计的，可以按照所需长度反复确定边界。除了为蜜蜂提供食物外，你还将吸引传粉者来提高你的作物产量，并引入一些有益的昆虫，如食蚜蝇，来帮助控制害虫。

❶ 马郁兰　❹ 薄荷
❷ 旱金莲　❺ 香葱
❸ 迷迭香　❻ 百里香

村舍花园

传统的村舍花园是一个经典的设计，一直是蜜蜂的乐园。这里主要种植灌木和其他小树，植物主要使用多年生的，根据高度排列，高的在后面，矮的在前面。但也有一些例外，比如这里填充种植的大花葱。

如何种植

3 较高的物种可能需要立桩。有各种各样的解决方案：藤本植物支架可以从大多数花卉商店购买，用竹竿也可以；榛子或桦树的树枝更便宜，看起来更自然，它们将逐渐融入种植园中，同时可以提供支撑。

1 使用较大的多年生植物来形成种植的结构，最大的物种在后面。尽可能成丛种植，一丛植物中有3~5株的奇数株植物看起来效果最好。在种植区的边缘放置一些平坦的石头或石板，作为后续维护的垫脚石。

2 在高大的多年生植物之间填充种植更小的植物或鳞茎植物，同样是同一物种成簇或成丛地种植。不要担心是否有一些裸露的区域，在一个生长季后期，当它们都长大了，空隙就会消失。如果不确定的话，在剩下的地方撒上一年生植物的种子，让其迅速生长，但要先给多年生植物浇水促其稳固生长。

护理小贴士

如果种植密度足够大，大多数杂草将不能生长，但要去除任何已明显生长的杂草。

在整个生长季里，将枯死的花朵摘掉，以促进后续花朵开放，但要保留一些物种的漂亮种子穗，比如葱，它们值得用来播种。这将增加秋冬季花园的视觉趣味，也为鸟类提供了食物来源。

在冬天移出任何你想替换的东西，这也是一个开垦土地的机会。别忘了保存种子！

植物选择

作为基础的树木
1 加利福尼亚丁香
2 苹果
3 球花醉鱼草

高植物
4 北美草本威灵仙
5 美国薄荷
6 美国紫菀
7 大花葱
8 茴藿香

中等高度的植物
9 草原老鹳草
10 薰衣草
11 扁叶刺芹
12 条叶糖芥 "淡紫色鲍尔斯"
13 全缘金光菊
• 杂色嚏根草（春季开花）

低矮植物
14 花菱草
15 百里香
16 艾菊叶法色草
17 虞美人
18 绵毛水苏

• 托氏番红花（春季开花）

野生动植物园

如果你有空地和兴趣，为什么不创建一个适合野生动物生存的花园呢?你不必局限于种植本地物种：一种野生的感觉可以通过随意种植本地物种和非本地物种来创造。这里展示的是一个理想化的野生动植物园，它包罗万象，什么东西都有一点。选出适合你的想法，并将它们应用到你的空地上。

林地边缘植物园
创建一个小型的林地边缘植物园，使用相对较小的、对蜜蜂友好的树木，如苹果、甜樱桃和欧洲椴，种植耐阴的多年生和二年生植物，如圆叶当归、毛地黄和柳穿鱼。

草坪上的野生动植物
在一年的大部分时间里，不要修剪草坪边缘，或者让整个草坪上的植物都生长起来，仅修剪出穿行其中的通道。长草为包括熊蜂在内的昆虫提供了庇护和筑巢的栖息地。花蜜丰富的野花也有机会开花，例如春天开花的蒲公英和夏天开花的三叶草。在野花结种后，每年用草坪修剪器或大剪刀修剪一两次。

蜜蜂房间
通过建立蜜蜂旅馆和蜂巢，促使一些独居蜂和熊蜂在花园里筑巢（见第78~85页）。

丰产作物
丰富的野生环境为作物提供了天然的虫害控制和昆虫授粉，这将有助于提高其产量。

堆肥箱

蜜蜂栖息地

池塘里的烂泥和野花草地上剩下的草皮可以用来建造蜜蜂栖息地（见第83页的说明）。在其顶部播种一些对蜜蜂友好的一年生草本植物或像百里香这样的喜阳植物。

天然树篱

选择一些当地的开花灌木来建造一个密集的、防盗的树篱，这也是一种很好的蜜源植物。合适的物种将在当年晚些时候为鸟类提供水果。建造树篱的植物包括达尔文小檗、茶藨子和狗蔷薇。

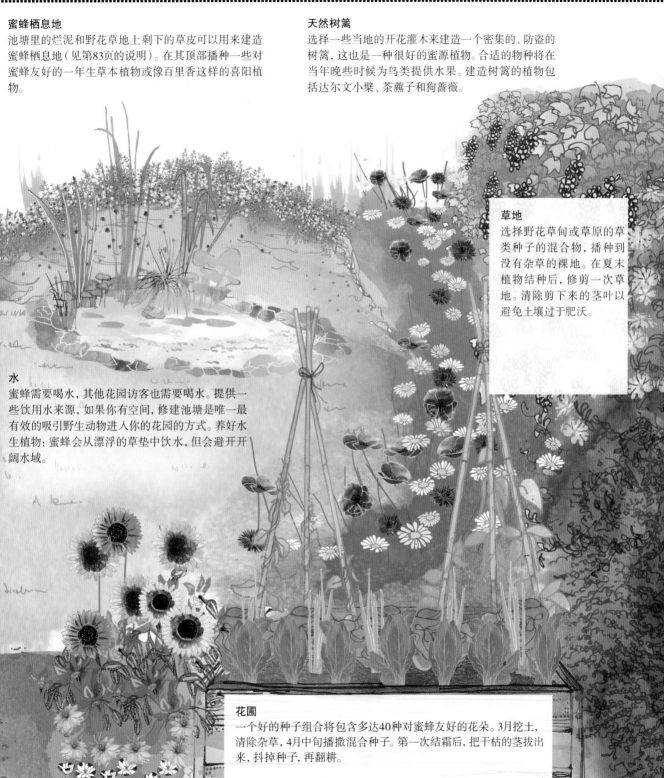

草地

选择野花草甸或草原的草类种子的混合物，播种到没有杂草的裸地。在夏末植物结种后，修剪一次草地。清除剪下来的茎叶以避免土壤过于肥沃。

水

蜜蜂需要喝水，其他花园访客也需要喝水。提供一些饮用水来源，如果你有空间，修建池塘是唯一最有效的吸引野生动物进入你的花园的方式。养好水生植物：蜜蜂会从漂浮的草垫中饮水，但会避开开阔水域。

花圃

一个好的种子组合将包含多达40种对蜜蜂友好的花朵。3月挖土，清除杂草，4月中旬播撒混合种子。第一次结霜后，把干枯的茎拔出来，抖掉种子，再翻耕。

关照蜜蜂

接触养蜂

在成为养蜂人的最初阶段，你会既兴奋又胆怯。初学者可以加入当地的养蜂组织，学习介绍课程。然而，无论你看了多少本相关图书、访问了多少相关网站，第一次打开蜂箱并面对成百上千只嗡嗡作响的蜜蜂时，你仍然会觉得准备不足。

勇敢尝试

养蜂需要的不仅仅是防护服和面罩。成功养蜂需要大量的练习和献身精神，但在这个过程中你会发现超乎想象的令人惊喜和着迷的东西。对于勇敢尝试的人们来说，养蜂能成为有趣、有益和持续终身的消遣的开端。你所需要的养蜂知识不能局限于某一本书的某一章节，即使研究一辈子蜜蜂，仍有更多的知识需要学习。在本部分内容里，我们希望为你打开养蜂人世界的窗户，并为你提供开启养蜂生涯所需的信心和信息。

 养蜂哲学

养蜂人中流传着这样一句话："问三个养蜂人同样一个问题，你会得到三个不同的答案。"养蜂有许多不同的方法，每个人在不同的方面都有他们自己的看法：该使用什么样的蜂箱和巢框，该不该饲喂蜜蜂，如何、何时更换巢脾，该如何防治害虫和疾病，不同的人可能看法不同。应该记住的最重要的一点是，养蜂组织是一个热情慷慨的团体，他们非常愿意分享养蜂的知识和经验。

养蜂的道路多种多样。蜂农通过管理蜜蜂为农作物授粉、售卖蜂蜜和蜂蜡等蜂产品，将养蜂作为产业。业余养蜂人为了快乐而养蜂，成为日益增长的、友好的群体的一部分，他们意识到了蜜蜂和其他授粉昆虫的重要性，还有可能得到蜂蜜丰收的额外奖励。许多业余养蜂人热衷学习养蜂的传统工艺，另一些人倾向于采用干扰最小化的自然方法，也有一些人在二者之间的某个地方找到自己的养蜂方式。

本地蜂场可作为支持性环境，能够提供放置蜂箱和亲近蜜蜂的场地。

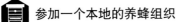 参加一个本地的养蜂组织

如果你对养蜂感兴趣，你首先应该联系当地的养蜂组织，他们无疑会热情欢迎你。你很可能会被邀请到蜂场与蜜蜂亲密接触，如果天气允许，你就能借一套防护服去看一看蜂箱内部。另一大好处是他们会告诉你如何最方便地获得第一个蜂群，在何处购买装备，如何在你的区域找到最佳的蜂场位置和采蜜地点。

本地的养蜂组织一般通过网站、新闻报道以及常规会议使成员获得最新的蜜蜂相关消息和参加最好的实践活动。养蜂是一种社交性很强的业余爱好，你会发现繁忙的日程持续全年，从生产车间和谈话到蜜蜂展览和夏日烧烤。本地的养蜂组织通常隶属于全国性的养蜂人联盟，它会提供抵御诸如蜜蜂疾病、盗窃和损伤等产生的债务的蜂箱保险。养蜂组织的成员还能获得实际帮助，例如购买设备的贷款，以及为了得到高级培训而参加的测验和考试。

养蜂人慷慨地分享他们的知识和经验，这比任何书都更有价值。

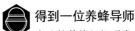 得到一位养蜂导师

本地的养蜂组织通常会在第一年提供一个导师系统。你不能低估一位养蜂导师的重要性，因为你将获得他传授的第一

蜜蜂与季节意识

养蜂将改变你思考自然和野生动植物的方式。当你观察公园和花园的某种植物开花，思考它们作为蜜蜂的蜜源植物时，当你为了养蜂活动而关注每周的天气预报时，变换的季节有了一种崭新的意义。

成群的候鸟迁徙和巨大的公园蜘蛛在它们编织的网上摇晃，是大自然在暗示蜜蜂准备越冬了。带着这个季节最后的花蜜和花粉的采集蜂回到蜂箱，蜂胶因保温需要而被用来填补空隙，蜂王的产卵量越来越少，雄蜂因丧失用处而被丢出蜂群。

在潮湿而多风的冬季，养蜂人希望蜂箱坚固。下雪的时候，他们会检查蜂箱，确保蜂箱的入口通畅。

当雪花莲和番红花在早春开放时，养蜂人热切地希望看见后足黏附着花粉的采集蜂满载而归。当天气渐渐变暖后，养蜂人带着"蜂巢变化"的思考，注视着水仙花、花朵绽放的树木和筑巢的鸟儿。

养蜂是人们在周末享受茶点时进行的社交活动。

蜂蜇

使蜜蜂性情温顺，操作时小心谨慎，蜂蜇往往能够避免；但如果你不确定自己的身体对蜂蜇的反应如何，咨询医生以寻求建议。蜂蜇反应包括温和刺激到过敏性休克，蜂蜇甚至能对生命造成威胁，因此你必须对各种可能性做好充分准备。

手养蜂经验和多年积累的智慧。当你夏天打开蜂箱时，看见12个或者更多王台出现在巢框的顶部、中部或底部，你将感激有一位养蜂导师帮助你判断蜜蜂到底是准备分蜂还是取代蜂王。

 ## 学习初学者课程

在本地的养蜂组织学习一门介绍性的课程是一种了解蜜蜂和学习养蜂的轻松快乐的方式。在第一年里，你有许多东西要学习，一位课程教师将指导你在友好且富有支持性的环境中学习。在理论课的最后通常会安排实践内容，你将有机会在经验丰富的养蜂人的监督下练习你学到的一切。课程的初学者在第一年里经常结伴管理蜂群，这对分担开始阶段的费用和分享养蜂时的收获大有帮助。这也意味着如果你连续1周都不能照看蜂群，你的伙伴将为你照看。

 ## 时间与费用

春季和夏季养蜂所要投入的平均时间取决于诸多因素，包括天气、蜂群规模以及当你打开每个蜂箱时所看见的状况。对单个蜂箱的常规检查不能超过10分钟。如果你需要进行一次特殊程序，例如人工分蜂，你可能要花费更长的时间，例如30分钟。如果你要组装一个临时的设备，例如一个特大号的巢框，你可能需要花费半天甚至更长的时间。

养蜂是一项季节性的活动。一个3月到8月的度假可能意味着当你回来时蜜蜂已经完成分蜂。如果你要离开2周以上，你需要采取预防措施：给蜂群保留足够的空间，延缓蜜蜂分蜂的冲动，或者让其他的养蜂人在你离开期间帮你检查蜂群。

养蜂可能是一项昂贵的业余爱好。第一年中，你的蜂群和所有设备的初期费用可能较高。但是在随后几年里，你可以通过多种方式，如清洁和重复利用蜂箱设备、利用供应商的季节性促销，降低养蜂费用。如果足够幸运，你可能通过售卖蜂蜜和蜂蜡等产品抵消全年的支出。

与导师合作往往能帮助你在第一年抓住养蜂的基本要素。

蜜蜂给予的蜂蜜是可以跟家人和朋友分享的美味。

养蜂网站

许多线上资源就如何健康快乐地养蜂提供指导:

www.nationalbeeunit.com

BeeBase(蜜蜂基地)网站提供大量信息,包括可下载的指南和咨询宣传单。注册能帮助你查询蜜蜂总量记录和安排当地检验员造访蜂场。

www.bbka.org.uk

British Beekeepers' Association(英国养蜂人协会,简称BBKA)是英国代表养蜂人的领导组织。其网站提供养蜂指南,教育、评估和考试的细节,以及全英国各区域性养蜂组织的链接。

www.naturalbeekeepingtrust.org

对于那些追求自然养蜂的人来说,Natural Beekeeping Trust(自然养蜂信托)网站提供了一种适合他们的养蜂方式。

www.ibra.org.uk

International Bee Research Association(国际蜜蜂研究协会,简称IBRA)是全球成立时间最早的蜂学研究出版商,该机构通过为养蜂从业者提供图书、期刊和科技信息来提升人们对蜜蜂的认识。

法律责任

关于蜜蜂这种生产食物的昆虫,你要承担若干法律责任。

一些害虫和疾病情况须上报,即必须把情况告知当地的蜜蜂管理部门的检验人员。你需要学习辨认不同蜂病的病症,知道一旦发现可疑病例何时告知检验人员(见第142~145页)。

你要清楚如何对蜂群进行治疗而不会污染可能作为食品出售的蜂蜜储备。你也要对任何蜂群治疗措施进行记录。

你需要了解纳入食品监管的蜂蜜的生产和售卖知识。

认识蜂箱

传统的泥制和草编蜂箱经过一个多世纪的发展，已经过渡到内置木制、塑料制或聚苯乙烯制的可移动巢框等的现代蜂箱，以便检查和管理蜂群。

不同的蜂箱设计

蜂箱间的最大不同点在于箱体和巢框的大小，熟悉蜂群类型对于选择用于巢箱和继箱的合适尺寸和数量的巢框至关重要。下面是一些最常用的蜂箱。

WBC蜂箱 以发明者姓名William B. Carr.（威廉·B.卡尔）的首字母缩写词命名的双层蜂箱。在各种天气下均可提供较好的保护，但外侧箱体会妨碍内层箱体的操作。

聚苯乙烯蜂箱 尽管被认为不那么受欢迎，但该蜂箱比传统的木制蜂箱便宜，且更容易搬运。一般认为该蜂箱能更好地为蜂群保温。

郎氏蜂箱 牧师兰斯特罗思发明的单层方形蜂箱。利用顶部或底部蜂路，该蜂箱可放置10或11个巢框。在美国广泛使用。

National蜂箱 National蜂箱在英国广泛使用，简单的单层方形箱体，通常用雪松木制成。蜂箱和巢框有不同尺寸，购买前需弄清楚。

蜜蜂能在大多数类型的蜂箱中茁壮成长

蜂箱的结构

无论你选择哪一种蜂箱，最好为所有蜂群选择同一种类型的蜂箱。这将使不同的蜂箱之间更容易地共享巢框和其他部件，例如将一张子脾从一个蜂群转移到另一个蜂群，或者合并蜂箱。务必确保健康蜂群和患病蜂群之间不要共享任何蜂箱部件。

蜂箱部件

此快速指南适用于大部分的标准蜂箱。

1 大盖 紧贴通风区域，顶部的镀锌金属板具有仿风雨的作用。

2 内盖 其中的两个孔适合蜜蜂的飞逃。隔板可用于摇蜜前清理蜜蜂或者放置糖水饲喂器。

3 继箱 用于储存蜂蜜，一般含带有蜂路的10个巢框。

4 隔王板 位于巢箱和继箱之间，用于阻止蜂王在巢脾上产卵。不锈钢隔王板比塑料隔王板更容易移动。

5 巢箱 比继箱更深，一般含带有虚设板（dummy board）的11个巢框。巢箱是蜂王产卵、喂养幼蜂和最开始保存花粉和蜂蜜的地方。

6 底板 通常是开放的网眼设计，具有通风和筛除蜂螨及其他残骸的作用。底板经常也作为蜂螨监测板。

7 巢门调节装置 使蜂箱的入口变窄，可更好地阻挡其他具有偷盗行为的昆虫，例如其他蜜蜂和胡蜂。该装置一般自夏季后期放置到翌年春季早期或中期，越冬后的蜂群群势已经增强。

8 支架 建议使用。支架可使蜂箱微微离地，从而使蜂群免受蚂蚁等昆虫的影响。

蜂路

蜂路是蜂箱内巢框间6~9毫米的间隙，这些间隙在箱壁周围、巢框上下。蜂路可让工蜂有足够的空间在巢脾的两侧穿过。工蜂将把任何超过9毫米的空隙填充满。

放置蜂箱的位置

在选择养蜂的位置之前，你要跟当地的居民聊聊天，确认他们同意将蜂箱放置在他们周围。你还要考虑当地的蜜源植物和水是否充足。确保该区域没有偷盗者和破坏者，也有屏障能够阻止人走得太近，避免马和牛等动物的侵扰。该位置要能提供一些阴凉，但必须阳光充沛。

蜂场 你所在地方的养蜂组织会为初学者提供蜂场空间。那将是一个理想的位置，因为你可以将你的蜂群与其他养蜂人的蜂群放在一起，并在第一年得到其他养蜂人的建议。

配额地 如果其他人允许，并且具有安全性，配额地和社区公园也是放置蜂箱的好位置。蜜蜂将为农作物和花儿的授粉提供重要帮助。

公园 如果你想把蜂箱悄悄地放在公园的隐秘位置，明智的做法是首先咨询你的邻居们，告诉他们本地授粉昆虫的好处，并欢迎他们到你的蜂场参观学习。跟他们解释蜜蜂在爽身飞行的过程中偶尔会从池塘、排水沟和鸟浴中饮水，偶尔也会在衣服上留下污渍。弄清楚是否有邻居对蜂毒过敏。

不要使蜂箱的入口面向住宅和任何有人活动的区域。环绕蜂箱的障碍物，例如栅栏或篱笆，将鼓励蜜蜂向上飞行，避免蜜蜂蜇人。最重要的一点，努力使你养的蜜蜂性情温顺，并防止分蜂的发生。

维护

无论你准备购买哪一种蜂箱，它都需要常规维护，比如每年更换巢脾后对部件灭菌，修补可能导致气流、偷盗者和害虫进入的漏洞。牢牢记住一个蜂箱就是蜂群的家，如果蜜蜂在此生活得不愉快，它们就会逃逸。

交尾箱: 有用的工具箱

交尾箱是一种更小的、含5个巢框的常规蜂箱。如果第一个蜂群由于其他养蜂人的分蜂操作或者自然的分蜂发生分离，初学者可能就要从交尾箱开始操作了。如果你从一个交尾箱开始养蜂，一个健康蜂群会快速扩大规模，一旦发现交尾箱中的巢框上满是蜜蜂，你就应该将这个蜂群转移到一个全尺寸的蜂箱里面。

准备分蜂操作，或者越冬、失王、疾病或其他情况造成蜂群弱小而需将蜂群转移至全尺寸蜂箱时，交尾箱大有用处。尽管花费不菲，理想的情况应是养蜂人为蜂场的每一个全尺寸蜂箱备一个交尾箱。如果没有交尾箱，养蜂人常常临时用虚设板将全尺寸蜂箱中的蜂群规模降低。

工具和装备

除了防护服，养蜂人开箱操作所需要的另外两个必备工具是喷烟器和起刮刀。随着季节的变更，你可能需要更多的工具用于特殊任务，例如囚王笼和标记工具。

基础工具箱

1 多合一防护服 初学者的最佳选择。当你获得了自信时，你将乐于只穿一件夹克、戴一个面罩。

2 和 **3 手套** 长筒手套能提供良好保护但必须经常清洗；一次性手套更干净和便利，但保护性较差。

4 喷烟器 开箱时使用可使蜂群安静。

5 和 **6 火柴和燃料** 纸张、木屑、松果、树枝和稻草都可以作为喷烟器的合适燃料。

7 至 **10 清洁装备** 开箱时带着装有苏打水、刷子和抹布的小桶，用于清洁。

11 起刮刀 用于撬开巢框、弄平蜂箱及刮去蜂蜡和蜂胶。

12 隔鼠板 冬季钉在蜂箱的巢门口，用于阻挡老鼠。

13 蜂刷 用于将巢框上的蜜蜂轻轻刷下或赶入蜂箱。

14 图钉 用于标记巢框，例如当王台出现时。

15 囚王笼 当你需要标记和移动蜂王时，用于囚王。

16 波特脱蜂器 取蜜前用于清理继箱内的蜜蜂。

17 割蜜盖刀 用于收集蜂蜜，也用于检查雄蜂台。

18 镊子 用于检查蜂房内幼虫的健康状况。

19 至 **21 饲喂器、糖水和方糖块** 在冬季和蜜源不足时补充食物储备。

22 和 **23 继箱和子脾框** 可成套购买或提前制作。

24 虚设板 开箱时用于替换巢框以提供蜂路。

组装巢框

在主要的养蜂季节，养蜂人对巢框的需求是持续性的。从更换巢脾和人为分蜂所需的子脾到蜂蜜生产所需的继箱巢框，养蜂人的工具箱里要时刻备有锤子和钉子来处理它们。

巢框的种类

子脾巢框 比继箱巢框更长，用于蜂箱中蜜蜂饲喂幼虫和储藏食物。

继箱巢框 长度更短，只在继箱中使用。继箱巢框能在没有巢础的情况下使用，或者在有巢础条的情况下使用以生产巢蜜。

根据你所使用的蜂箱的种类，例如National蜂箱或者郎氏蜂箱，你要购买尺寸合适的巢框。用于National蜂箱的巢框在这里做了介绍。

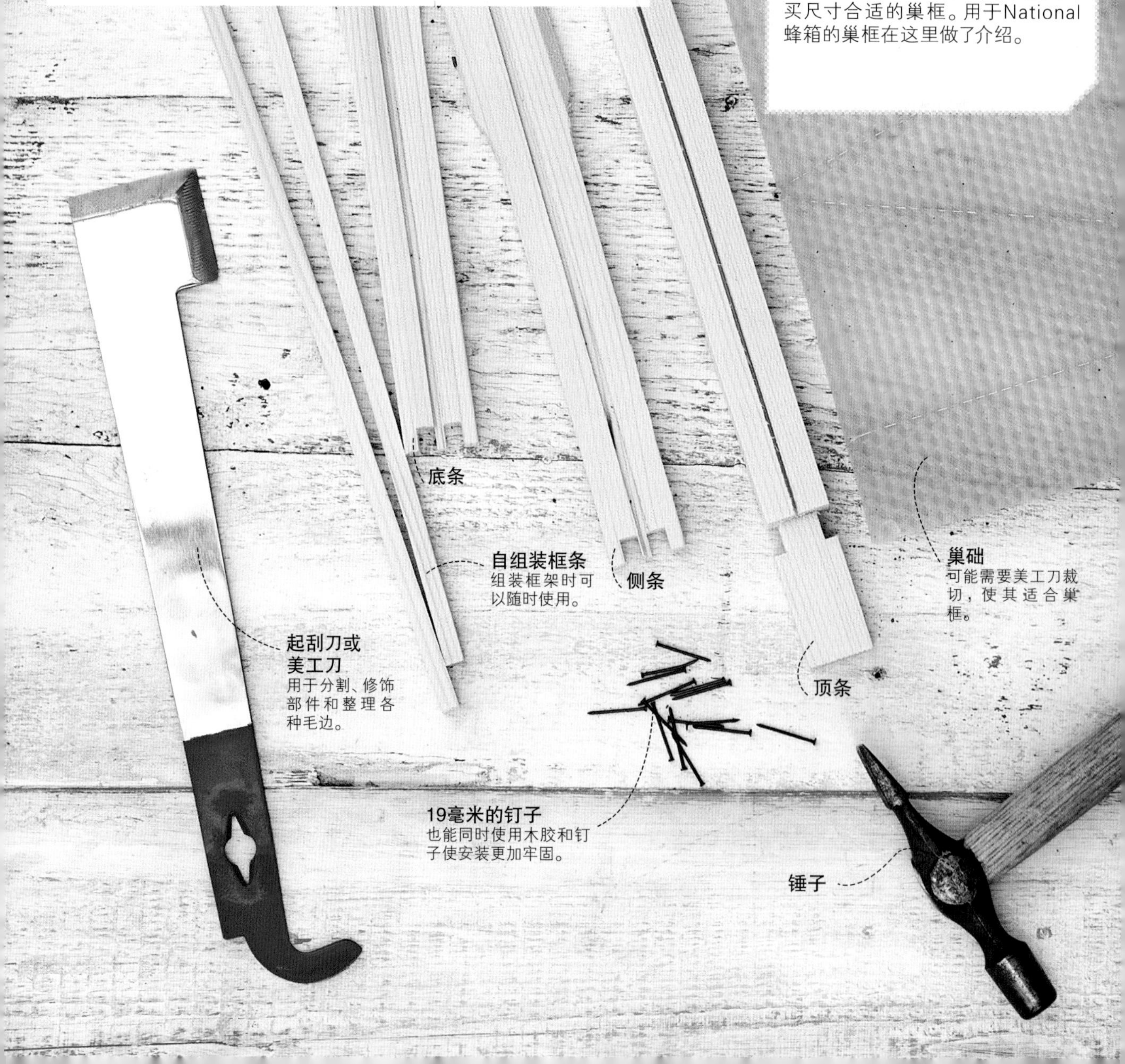

底条

自组装框条
组装框架时可以随时使用。

侧条

巢础
可能需要美工刀裁切，使其适合巢框。

**起刮刀或
美工刀**
用于分割、修饰部件和整理各种毛边。

顶条

19毫米的钉子
也能同时使用木胶和钉子使安装更加牢固。

锤子

如何制作一个巢框

1 使用起刮刀或普通刀子将楔子从顶条上移除。不要将其扔掉，后面你将用到。

2 将侧条的上方凹槽楔入顶条相应的位置，用一个锤子将侧条与顶条连接起来。

3 将底条卡入侧条的下方凹槽。

4 在底条中间插入一片巢础，沿着侧条滑入。弯曲金属丝使巢础靠在顶条上。

5 将顶条的楔子复位，压住金属丝。用三枚钉子沿着一个角度钉入楔子和金属丝圈。

6 从两端将底条钉入侧条，在两侧分别用一枚钉子将侧条固定在顶条上。

怎样得到一个蜂群?

初学者可能最先问的问题之一是: 我从哪里得到蜜蜂? 你有多种选择: 其一是从养蜂供应商那里购买, 其二是通过拍卖获得, 其三是从附近的蜂场获得, 其四是在当地养蜂组织的分蜂收集名单上登记。

养蜂组织

优良的蜜蜂具有良好天性并且工作勤奋, 不倾向于经常性分蜂, 而且对害虫和疾病有较强的抗性。这些品质并不容易遇到, 对于初学者来说, 辨认这些品质更加困难。如果你对获得自己的蜂群感到不耐烦, 最好先在指导计划中登记, 这样你就能得到操作蜂群的经验, 并且学习如何辨认蜜蜂的品质和性情。

如果你足够幸运, 本地养蜂组织的养蜂人会进行人工分蜂, 你可以从他那里购买蜂群。从你所在的养蜂组织购买蜂群的优势是, 你能更容易地弄清楚蜂群的性情、健康状况以及品质。当你准备着手养蜂时, 最好购买性情温顺的蜂群。有些人认为性情温顺的蜂群生产的蜂蜜更少, 但情况并非常常如此, 利用性情温顺的蜂群学习养蜂更容易一些。

养蜂组织可能会将初学者登记在分蜂名单上, 这样初学者就有机会从本地自然分蜂或者其他养蜂人的人工分蜂中获取蜂群, 这常常作为一种捐赠。从自然分蜂中获取蜂群的劣势之一是你可能不太了解蜂群的健康状况和性情。

网站和拍卖

你也能从养蜂杂志和供应商网站上找寻建议。

留意养蜂组织和供应商的年度售卖和拍卖活动, 这是遇见养蜂人、以折扣价购买蜂箱和其他设备以及购买蜂群的好机会。咨询邻近的养蜂人, 了解他们建议的拍卖会和市场, 确保你打算前往的地方有良好的声誉。你应该带上富有经验的养蜂人作为预期投标人, 在待售的蜂群周围转一转, 他会检查蜂子并对每一个蜂群的性情、活力和健康状况做出判断。检查蜂群确保其是在本地饲养的, 这样它们能够更适应你所在的地方。

另一个需要考虑的因素是运输。如果你准备在当天购买蜂群并将其带走, 你要有齐全的装备将蜂箱装进车子的行李箱, 并安全地将车开往你选择的放置蜂箱的地点。

拥有自己的第一只蜂王和第一个蜂群是令人激动的, 但在你决定购买之前, 从养蜂人那里了解一下蜂群的健康状况和性情。

你可以在分蜂名单上登记, 从分蜂募捐中获取蜂群, 但是你根据品质和性情选择蜂群的能力将受到限制。

源于本地

本地饲养的蜂群一般能很好地适应本地环境和气候, 也能很好地越冬并在春季恢复较强的群势。一旦你拥有了自己的蜂群, 尽量让它们自己喂养新蜂王, 而不是每年引入和替换蜂王。

蜜蜂拍卖会上售卖的蜂群会与其他货物保持安全距离。投标人会被邀请到某位养蜂人的公司进行近距离观察。

在当地养蜂组织举办的拍卖会上，养蜂专家常常会在一名政府蜜蜂检验员的见证下描述每个蜂群的健康状况。

从小核群开始

通常，初学者拥有的第一个蜂群是小核群，里面包含一只蜂王和若干框工蜂和蜂子。小核群可以通过购买获得，也可通过分群或收集分蜂团获得。一旦得到小核群，蜂群规模很快就将超过交尾箱的容纳能力，必须将其转移进一个全尺寸蜂箱中。

开始养蜂时的注意事项

从你转移蜂群的第一天起做好蜂箱记录。

将糖和水以1:2的比例混合制作糖水，饲喂新的蜂群，除非处于大流蜜期和有持续的好天气。当巢框两侧的子脾全部封盖时停止饲喂。

每周进行检查，确保蜂王产下足够多的卵且蜂群群势变强，检查新家中的蜂群的健康状况和性情。

1周后，当蜂王开始产卵时移除隔王板，并将其放在蜂箱上面。

1 制作一个新蜂箱。一开始，将蜂箱安放在地面或底板上。第一周在底板上放置扣王器防止蜂王和其他蜜蜂弃巢。然后，在蜂箱中放入巢框、内盖，并盖上大盖。

2 打开交尾箱查看巢框，找到蜂王。通过做标记和囚王，你能知道蜂王所在的位置。

闲庭信步

如果你担心将蜜蜂抖落到交尾箱以外，将巢框靠在巢门口，蜜蜂将慢悠悠地走入新家。这个过程要持续30~60分钟，但这样会比抖落蜜蜂来得温柔许多。

3 像从交尾箱取出巢框那样，从蜂箱中间取出同等数量的巢框。将蜂王所在的巢框进行转移，并将蜂王从囚王笼中释放出来。插入剩余巢框，按照交尾箱中的顺序放置巢框。

4 轻轻地将交尾箱内盖上和蜂箱中剩余的蜜蜂摇落到巢框上。使巢框间的蜂路变窄；或者使用虚设板为小蜂群提供更好的隔离，当蜂巢建设起来后将其拿走。

5 对蜜蜂进行喷烟，并用手将它们赶入下面的蜂箱，这样当你用内盖和大盖盖住蜂箱时不至于压死蜜蜂。

打开蜂箱

无论是进行蜂群检查还是执行特殊任务,为了减少对蜂箱内蜂群的影响,开箱时间不能太长。计划好要做的事情、带上正确的设备尤为重要。

蜂群的个性

蜂群的性情各异,取决于蜂王,其中有部分蜂王天生要比其他的更烦躁不安。当你有了经验以后,就能辨别哪些是正常行为,以及何时蜂群的心情发生了变化。

正确计时

一般而言, 开箱的理想时间应在温暖、无风、阳光充沛的日子的上午十点到下午三点之间。此时大部分的外勤蜂都外出了, 内勤蜂都在勤劳工作, 因而不会注意到你的存在。

在你动手之前密切关注天气预报。一般最好不要在寒冷、多风、潮湿的天气开箱, 因为此时的蜂群脾气暴躁, 而且你的操作会对蜂群造成危害。如果树木被风吹得东倒西歪, 设想当你将巢脾取出时, 上面的工蜂将有何种感受!

总有一些时候你可能要在寒冷天气开箱, 例如冬季治螨和春季调脾时。你需要确认蜂群的群势强到足以应付处理, 或者不进行此种操作的风险大于蜜蜂受冻的风险。

点燃喷烟器腔内的燃料

1 在你靠近蜂箱前穿戴好防护装备, 包括防护服、面罩、手套和靴子。先要检查是否有蜜蜂钻入防护服, 确保紧固零件都牢固。

2 使喷烟器工作起来。在喷烟器的腔内填充木屑、松果球或纸张等燃料, 小心地用火柴或打火机点燃燃料。

为何要用烟雾?

对蜂群进行喷烟处理不会使蜂群安静下来,而是通过两种方式分散它们的注意力。其一,烟雾能让蜜蜂感到有火患。因为蜜蜂是从丛林生物进化而来的,它们会本能地吃饱蜂蜜以备弃巢。饱食会让蜜蜂的腹部变硬,以至于难以弯曲和蜇人。其二,烟雾可以掩盖箱盖打开时守卫蜂释放的报警信息素,因此蜂群不会对入侵者发动集体攻击。

3 盖上喷烟器的盖子,让燃料阴燃一会儿。使用喷烟器时,不要将喷嘴向下对着蜂箱,因为这样做会倒入有害的热空气和烟灰。

4 检查蜂箱前用苏打水将工具清洗干净,用抹布擦干,以防止疾病和虫害传播。手套也必须保持干净,或者每次检查时更换一双新的。

5 在巢门口持续喷烟,等待一段时间,让其发挥效果。若要蜂群变得更加驯服,则需要让蜂箱充满烟雾。

7 轻轻地拿开大盖和内盖,背面朝上放在地面或靠近你的支架上。牢记蜂箱是蜂群的家,所以小心谨慎地操作尤为重要。

6 站在蜂箱巢门口的背面,不要挡住蜜蜂的飞行通道。不要将你的整个身子俯在蜂箱上,这样会让蜂群变得更具攻击性;而要微微弯腰,使你的胳膊越过蜂箱。保留足够的空间,自如操作。

8 如果有继箱,搬开它并将其放在一堆蜂箱部件或其他的抬高表面上。这种卫生预防措施可使继箱避免被弄脏或被蚂蚁等昆虫侵害。

9 当你移动蜂箱部件时，小心翼翼地将它们堆叠好。将隔王板的下侧放在最高处以防压死蜜蜂。查看蜂王的出没情况：它习惯于出现在令人意想不到的地方，你要避免无意间移动蜂王。

10 如果你发现蜂箱部件由于蜂胶而粘连在一起，用工具撬开它们。蜂胶是一种由树脂构成的物质，蜜蜂用其填充缝隙。

11 当你准备对蜂巢进行操作时，如觉得有必要，在巢框上方周围喷一些烟雾。不要过度喷烟，以免激怒工蜂。

12 在蜂箱中留出足以轻松移动巢框的蜂路。许多养蜂人使用虚设板达到此目的：虚设板完全由木头制成，其在开箱伊始即被移动，从而制造出间隙。虚设板后的第一个巢框也经常被移动。

13 双手抓住耳状柄将巢框拎起，注意不要撞击到蜂箱的侧边或摩擦到相邻的巢框，以免蜜蜂受伤或被压死。温柔操作意味着蜜蜂不会对你产生敌意。

14 使巢框底部的巢脾微微向上倾斜，便于检查巢脾。检查完一侧后，倾斜巢框使顶条保持竖直并稳稳地旋转，检查另一侧。不要将巢框上下颠倒，以免伤及巢房内的幼虫。

小心处理蜜蜂

16 当你把各部件放回原位后，鼓励蜜蜂回到下面去。用你的手指或软毛的蜂刷轻推蜜蜂，如果有必要释放一些烟雾。请用苏打水经常清洗蜂刷。

15 检查完巢框后，将其放回原来的位置，保持蜂群结构。

17 操作完毕后用树叶塞入喷嘴以熄灭喷烟器。用苏打水清洗工具。

使用覆布

从你开箱的那一刻起，蜂群便开始丢失宝贵的热量。工蜂努力让蜂巢内的最适温度维持在32~35℃以饲养幼虫。蜂箱的热量快速丢失，蜜蜂因而受冻，然后变得暴躁。当你检查巢框时，盖上一块覆布可减少热量丢失、阻挡阳光照射（蜂箱中一般情况下几乎是完全黑暗的）。借助一块覆布，每次检查只会让少数巢框暴露出来。轻轻拿开覆布并查看下面遗落的蜜蜂。每一个新蜂箱使用一块新的覆布，使疾病扩散的风险降到最低，并且在每一次检查后用洗衣机清洗覆布，或将其放入一桶苏打水内浸泡。

检查蜂箱

养蜂的一大乐趣就是观察蜂箱内蜜蜂们的隐秘生活。相比于赞叹这些"居民"，检查蜂群还有很多事要做。然而，养蜂人经常开箱还有很多原因。

不同的季节，该检查什么？

一年到头，养蜂人须明白蜂群对食物的需求以及监测害虫和疾病的重要性。永远记住蜂箱内的变化速度极快。

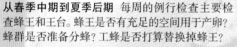

早春 每周一次的检查开始了，看看冬天后的子脾是否建设好了。蜂王是否产下了足够的卵用于孵育新的成员？工蜂是否从外面带回了充足的食物？

从春季中期到夏季后期 每周的例行检查主要检查蜂王和王台。蜂王是否有充足的空间用于产卵？蜂群是否准备分蜂？工蜂是否打算替换掉蜂王？

从仲夏到夏末 天气和流蜜期是否能让足够多的蜜蜂保持活力？是否有储藏的食物在整个冬季饲喂蜂群？你是否能获得蜂蜜的丰收？

从夏末到秋季 为冬天的到来做好准备。你是否需要通过饲喂让蜂群建立越冬的食物储备？是否存在偷盗者和害虫的风险？你是否对疾病进行了治疗？

秋季后期和冬季 天气太冷因而不能开箱，每月绕着蜂箱检查一次到两次，用于取代每周一次的检查。

巢门口的蜜蜂

花1~2分钟的时间观察进出巢门的蜜蜂。将花粉带回蜂群的工蜂往往是蜂王安好的信号，因为喂养蜂王产下的蜂子需要花粉。

找寻蜂王

每一次检查你都要确保有蜂王。有些蜂王尤其善于隐藏，如果你无法对其进行定位，你可以查找某些踪迹。例如，如果蜂群保持安静且有条不紊地工作，很可能是蜂王释放的信息素正在维持蜂群的凝聚力和秩序。

蜂王的体积最大、腹部更长，周围经常簇拥着司职护卫的工蜂。

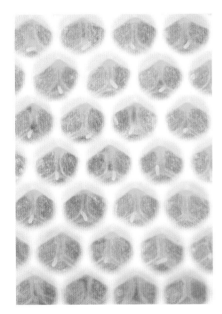

1 蜂房内的卵能够说明蜂王近三天出现过，即使你没有找到它，因为蜂卵孵育成幼虫需要三天时间。

2 初学者经常将雄蜂误认为是蜂王，因为雄蜂的腹部更胖且较之工蜂个头更大。根据巨大的眼睛可以轻松辨认出雄蜂。

3 如果你需要把蜂王固定在某个位置，囚王笼是很好的选择。一些养蜂人能用食指和拇指将蜂王固定在巢脾的中央区域，千万不要按住蜂王的腿。

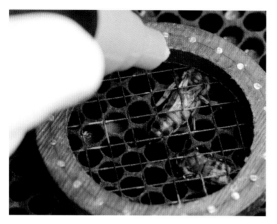

4 使用特殊的蜜蜂标记笔或者内含大量可粘贴圆盘的工具盒，在新蜂王的胸部做上标记，以确认它出生的年份。

标记蜂王的颜色

国际公认的颜色用来标记蜂王和记录其年龄。被标记的蜂王更容易被定位。

截止年龄	颜色
1 或 6	⬡ 白色
2 或 7	⬡ 黄色
3 或 8	⬢ 红色
4 或 9	⬡ 绿色
5 或 0	⬢ 蓝色

检查巢框

当你提起一个巢框时，查看巢框上的迹象可以帮助你掌握蜂群的群势和健康状况：蜂子的数量和分布，幼虫和成年蜜蜂的健康状况。

1 观察封盖：绝大多数工蜂的封盖平整，仅有少数雄蜂的封盖有凸起。估算巢脾上有多少蜂子，又有多少蜜蜂，记录蜂群每周的建设速度。

2 正常的封盖应是饼干色的且均匀分布于整个巢脾上。凹陷的和裂开的封盖可能是疾病的迹象。呈胡椒粉图案的补丁状封盖是疾病的另一迹象，或提示蜂王的产卵力弱。

孵育一只新蜜蜂看起来令人着迷。当工蜂踩在新蜜蜂的头上时，看起来就不那么令人着迷了。

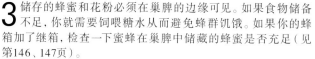
花粉和未封盖的蜜

3 储存的蜂蜜和花粉必须在巢脾的边缘可见。如果食物储备不足，你就需要饲喂糖水从而避免蜂群饥饿。如果你的蜂箱加了继箱，检查一下蜜蜂在巢脾中储藏的蜂蜜是否充足（见第146、147页）。

4 查看褪色的、弯曲的和膨胀的不健康幼虫。用镊子夹出病虫进行进一步检测（见第142~145页）。

清理

检查蜂群时，用起刮刀把巢框顶条上的赘脾和蜂胶弄掉。这种处理会使蜂箱部件更好地贴合、更安全地关闭。你可以用赘脾制作蜡烛或家具打光料。

巢框顶条上的赘脾

5 蜜蜂看上去是否健康？是否有异常情况？蜜蜂的翅膀皱缩是感染残翅病毒（DWV）的迹象之一。观察蜂群是否存在瓦螨问题。

6 瓦螨常躲藏在幼虫和封盖子下面，以寄生方式生活。成年工蜂身上粘有红色的螨虫意味着感染程度很严重。

封盖的王台

7 注意王台基（小的蜡制杯状结构）和王台（更长，像花生壳），它们暗示着蜂群可能准备分蜂或者更替蜂王。

检查清单

在蜂箱大盖下放一张带有塑料封皮的清单作为提示，对于检查大有益处。及时更新你的检查清单，它将指导你每周的检查。

蜂箱

蜂群的性情如何？

蜂王还在吗？

卵、未封盖子和封盖子是否已标记？

含有卵、未封盖子和封盖子的巢框有多少？

含有蜂蜜和花粉的巢框有多少？

蜂蜜的储备是否充足？蜂群是否需要饲喂？

是否有充足的空间可用于培养新的蜂子和储藏食物？

是否需要一个继箱？

准备分蜂的迹象（见第148~157页）

王台基和王台是否被标记？

王台基和王台中是否有幼虫？

王台是否封盖？

病害的迹象（见第142~145页）

幼虫是否褪色、弯曲或散发难闻的气味？

封盖是否凹陷？

蜜蜂是否残翅？

蜂螨检测板上记录了多少蜂螨？

是否有腹泻？如果有，可以表明蜂群群势弱、受到胁迫和遭受病害。

失王或蜂王产雄蜂卵的迹象（见第158、159页）

较之正常情况，雄蜂的比例是否大于工蜂？

雄蜂子是否出现在巢脾的中央区域？它们本应该在巢脾的边缘区域和底部。

封盖子在巢脾上的分布是否不均匀？如果是，意味着可能已经失王或蜂群对于产卵的位置很挑剔。

各种蜂子的巢脾数变少了吗？

巢房内是否出现多个卵？如果是，暗示工蜂可能产卵。

继箱（见第146、147页）

未封盖蜜和封盖蜜分别有多少框？

是否准备摇蜜？

还需要更多的继箱吗？

防治虫害和病害

蜜蜂受到多种虫害和病害的影响，这里列举的未尽其详。人们对于大多数虫害和病害了解很少，关于如何防治这些虫害和病害还有很多东西要学习。即使对于经验丰富的养蜂人来说，辨认和正确诊断病虫害也相当不易。如果你对蜂群的健康问题有任何疑惑，建议联系当地的蜜蜂检验员。

辨认健康幼虫

有相当一部分蜜蜂病害被称为"幼虫病"，那是因为这些病害基本上只影响幼虫而不是成年蜜蜂。防治蜜蜂病害的良好开端是学习辨认健康幼虫。健康的未封盖幼虫呈珍珠白色、新月状，健康的工蜂封盖子的巢房呈饼干色、封盖平整，健康的雄蜂封盖子的巢房有凸起的封盖（见第136~141页）。通常，蜜蜂幼虫不应该褪色或变形，巢房封盖不应该凹陷、穿孔或看起来柔软。有时候巢脾上的封盖呈现出胡椒粉的图案，说明可能有病害或者蜂王对产卵的位置挑剔。

蜜蜂受到的胁迫

白垩病和囊状幼虫病等病害表明蜂群受到胁迫。减少外部胁迫因素有利于蜂群康复。例如，对蜂群进行饲喂，在蜂箱中放入额外的虚设板以达到保温效果，保持蜂箱的卫生。

病虫害目录

美洲幼虫病
影响封盖子的细菌感染。巢脾边缘的封盖凹陷和穿孔，有时候封盖呈现出胡椒粉的颜色。
●措施: 经典的"黏性测试"可以鉴别美洲幼虫病: 用一根火柴棍插入巢房，如果有该病发生，能拔出黏稠的烂泥状液体。如果发现美洲幼虫病的疑似病例，第一时间通知本地的蜜蜂检验员，防止该病在本地传播。

囊状幼虫病
该病的病毒感染封盖的幼虫，使其成为深褐色的干尸状，犹如拖鞋。
●措施: 对于囊状幼虫病没有特殊的治疗方法，但重新育王或许有效。

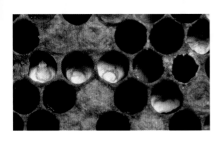

白垩病

真菌影响封盖子，能造成封盖的穿孔。被感染的幼虫死于巢房内，成为白垩状干尸。

●措施：尚无有效的治疗方法。如果大量幼虫受到感染，只能换王，因为导致问题的根源在于蜂王及其卵的遗传信息。如果白垩病并不严重，蜂群将会自愈。

欧洲幼虫病

细菌感染通常影响未封盖子。被感染的幼虫外观上呈现黄棕色且看上去黏糊糊的，常在巢房内卷曲成螺旋状或膨胀。死去的幼虫随后变干，留下褐色的鳞。

●措施：如发现欧洲幼虫病的疑似病例，立即告知当地的蜜蜂检验员。蜂箱会散发出难闻的气味。

狄氏瓦螨

寄生性的螨虫适应了蜜蜂的生活史。东方蜜蜂（*Apis cerana*）是狄氏瓦螨的原始寄主，它目前已传播至没有进化出防御力的西方蜜蜂（*Apis mellifera*）身上。雌性瓦螨能够识别封盖前幼虫释放的信息素，然后将自己混入幼虫的食物。瓦螨在发育的过程中靠吸食幼虫为生，在巢房内产卵、孵化并进行交配。部分瓦螨随幼蜂的孵化而被释放出来。被感染的幼虫发育成衰弱的、患病的和残疾的成年蜜蜂。

●措施：许多管理技术可用于监控和减轻瓦螨的影响。

监控板 位于通风网板下方的黄色的板，每月放置1周。在长达数月的时间里对落下的瓦螨进行为期1周的计数，从而描述蜂群的健康状况。1周内计数到30只瓦螨可认为感染水平高。

剔除雄蜂子 瓦螨倾向于寄生在雄蜂子上，因为雄蜂的发育时间更长，瓦螨在巢房内有充足的时间用来交配和繁殖。为判断是否有瓦螨寄生而偶尔地剔除雄蜂子，可以监控和减轻蜂箱内瓦螨的感染程度。

剔除雄蜂子

摇晃分蜂 如果蜂群的群势强到足以自我恢复（见第150~155页），人工的摇晃分蜂可通过将蜂王和成年蜜蜂赶到新的蜂箱，对感染程度重的蜂群起作用。分蜂是一种自然的治疗方法，因为分蜂导致幼虫和瓦螨一同被抛弃。东方蜜蜂经常分蜂，这一点帮助它们抵御瓦螨的侵害。

摇晃分蜂

喷洒糖水 用冰点的糖水喷洒成年蜜蜂会刺激工蜂相互打理，这被认为能够打击瓦螨。这种方法可在一年的任何时候使用，因为不会污染蜂蜜。此方法单独使用效果不好，但可以作为虫害综合防治措施的组成部分。

杀螨剂 用于杀灭瓦螨的化学药剂，例如冬天常用的草酸。在一年的某些时候使用。当继箱上满是蜜脾时，千万不要使用杀螨剂，因为杀螨剂会污染蜂蜜；同时要避免用药过度。用药时间、频率和方式应遵照蜂场管理者、养蜂组织或蜜蜂检验员的意见。

使用杀螨剂

小蜂螨

小蜂螨

红棕色，生活史和行为类似于瓦螨。共有四种类型，但只有两种被认为对蜜蜂有害。小蜂螨个头比瓦螨要小，能在巢脾上快速移动。

● **措施**: 在笔者写作本书时，人们认为小蜂螨已在欧洲绝迹。如有疑似病例，请立即告知蜜蜂检验员。

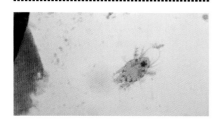

蜱螨

蜱螨在蜜蜂的气管中寄生。蜱螨在蜜蜂的气管中产卵和孵化，靠吸食血液为生。成熟的蜱螨从蜜蜂的气管中爬出，并爬上体毛，从而传播到其他蜜蜂身上。被蜱螨感染的蜜蜂的病状包括体质虚弱、在巢门口的地面蹒跚以及无法飞行。被感染的蜜蜂残翅也是一个病状。蜱螨即使存在，也常常处于较低的感染水平；但是当蜂群过度拥挤，由于越冬或糟糕天气而长时间待在蜂箱里时，感染就会变得严重。被感染的蜜蜂常变得体质虚弱且寿命缩短，使蜂群的存续处于危险当中。

● **措施**: 良好的饲养大有助益，保持蜂群整体的健康和清洁。换王是治疗该病更强有力的措施。

微孢子虫

寄生在蜜蜂肠道表皮细胞中。被感染的细胞破裂后，释放其中的孢子，随后被排出体外。蜂箱内部和巢门口的腹泻物是该病的一大征兆。微孢子虫低水平存在于绝大多数的蜂群中，但是当蜂群过度拥挤，由于越冬或糟糕天气而长时间待在蜂箱里时，感染就会变得严重。被感染的蜜蜂常变得体质虚弱且寿命缩短，蜂群因而变得更加脆弱。微孢子虫可导致蜂群在冬季灭亡。微孢子虫包括蜜蜂微孢子虫（*Nosema apis*）和东方蜜蜂微孢子虫（*Nosema ceranae*），后者因感染征兆不明显而难以检测，能导致更高的蜜蜂死亡率和更快的蜜蜂死亡速度。

● **措施**: 蜜蜂如若淹没进装有糖水的饲喂器并排泄，可导致微孢子虫扩散传播。清除被污染的糖水并提供新的食物。基于同样的理由，检测蜂群时不要挤压蜜蜂。良好的蜂群管理往往有效：为达到阻断病原体传播的目的，关注蜂箱内的空间，清理蜂箱和设备，每年更换一次巢脾（见第166~169页）。有时候，建议用抗性蜂群的蜂王替换原蜂王。

残翅病毒

被感染的蜜蜂的翅膀呈皱缩或残缺状。该病毒与严重的瓦螨感染密切相关。

● **措施**: 尚无特殊的治疗方法。对于感染严重的蜂群，瓦螨监控对病毒防治或许有效。检查残翅病毒的感染程度对监测蜂群的总体健康状况有好处。

蜂箱小甲虫

蜂箱小甲虫（*Aethina tumida*）源于撒哈拉沙漠以南的非洲地区，目前已传播至美国和澳洲，在笔者写作期间已在欧洲被报道发现。这是一种小的黑色甲虫，大约6毫米长，有棒状触须。雌虫在蜂箱的缝隙中产卵，孵化成幼虫后开始吃蜂卵、蜜蜂幼虫、花粉和蜜蜂，啃穿巢脾并在蜜蜂储藏的食物中留下粪便。蜂箱小甲虫严重影响蜂群的健康状况。

● **措施**: 蜂箱小甲虫是必须上报的害虫。一经发现须立即告知蜜蜂检验员。

蜂箱小甲虫

蜡螟幼虫的"丝路"
如蜡螟幼虫已结茧，用起刮刀清理并毁灭幼虫。

子脾上的蜡螟幼虫

蜡螟

大蜡螟和小蜡螟以蜂蜡为食，破坏储藏食物的巢脾，在冬季危害严重。大蜡螟因蜂茧和其他残渣而更倾向于危害子脾，小蜡螟因蜂蜡而更喜欢继箱。蜡螟能导致蜂箱内满布网丝。其幼虫在封盖下面留下白色的痕迹，有时会看见它们匆匆钻入缝隙。

● **措施：**良好的卫生环境和强群势能够减轻危害。尚无能完全预防的措施，不用的巢脾须低温保存，因为蜡螟幼虫在低温环境中活力低。夏末时也可以将巢脾放入−18℃的环境中以杀死蜡螟的卵和幼虫。将巢框储放于上方和下方带有金属丝网（如隔王板）的蜂箱，在顶部盖一块覆布。定期检查保存的巢脾，查看是否有蜡螟的痕迹。不要使用家用的杀虫喷雾和化学药剂，因为这些对蜜蜂有害的化学物质能在设备和巢脾上聚集。

须上报的病虫害

如若发现须上报的病虫害，请立即联系当地的蜜蜂检验员。请在相关网站注册，在那里你可以实时了解病虫害病理和防治措施，也能够获得全国性的蜂群健康和方位的数据信息。

目前须上报的病虫害列举如下：

- 美洲幼虫病
- 欧洲幼虫病
- 蜂箱小甲虫
- 小蜂螨

病虫害防治小贴士

随身携带一个镊子。用镊子将变形或褪色的幼虫夹出来以便仔细检查。用喷烟器的喷嘴对着患病幼虫进行喷烟处理。

如果出现病害的迹象，要严格地保持蜂箱卫生。不要在蜂箱间共享巢脾，经常清洁蜂箱设备，每次检查蜂群后清洗或更换手套。

做好每周的蜂群记录，以便监测蜂群的健康状况。例如记录一年中瓦螨感染程度上升和下降的次数，幼虫何时对诸如白垩病和囊状幼虫病等疾病变得更易感。保持定期记录能够帮助你进行全年的病虫害防治。

管理蜂蜜

为蜂群提供继箱可以让工蜂继续在上面建设巢脾，也能让蜂王待在巢房而不是爬到下面的巢脾产卵。这种方式虽然不能防止分蜂，但能暂时缓解压力。添加继箱还能帮助养蜂人管理蜂群赖以越冬的储备蜂蜜，养蜂人当然希望储备的蜂蜜有剩余，这样就能保证一次丰收。

添加继箱

在开春时，一个蜂箱常包括底板、巢箱、内盖和大盖等，还有可能包括用于放置饲喂器的继箱。

更多的继箱
理论上你可以持续添加继箱，一个强群在好的季节能填满五个继箱。不要在夏末给蜂群添加过多的继箱，你应该让蜂群做好越冬的准备。

带有蜂蜡巢础的继箱为蜜蜂拉伸巢脾提供了一个有利的开端，或者使用空的巢框或带有蜡制巢础条的巢框以供割脾。

第一继箱
当天气回暖、蜜源植物复苏时，蜂群会快速恢复群势。当你每周检查蜂群时，你要数一下有多少个子脾装满了幼虫和食物。一个粗略的指导是，当出现2~3张未满的巢脾时，就应该添加第一继箱了。极有可能当你下一周再检查时，蜂群将用尽剩余的巢脾。添加继箱意味着蜂群拥有更多的空间去建设巢脾，必要时将储藏的食物从子箱转移到继箱，这将保证蜂群有足够的空间产卵。

摇蜜

理想情况是，在你取走一个继箱准备摇蜜前，两个继箱都装满了蜂蜜。

收蜜的时间
即使在夏季的前期，你期望着收蜜可以持续多周，为蜂群留下一个继箱的蜂蜜仍是一种谨慎的做法，因为天气或许突然变得糟糕，花蜜将变得匮乏。一般来说，满满一个继箱的蜂蜜让一个中等规模的蜂群越冬显得绰绰有余。确保在对巢框进行处理前，对上面所有的蜂蜜进行采收。这意味着要检查巢框两侧的蜂蜜是否已封盖。

第二继箱
在添加第二继箱前请耐心地等待蜜蜂填满第一继箱，让工蜂建设第一继箱两侧的巢脾，将花蜜装入巢房，对蜂蜜进行封盖。为何在第一继箱半满时不添加第二继箱呢？这是因为蜜蜂倾向于在上方工作并填满空间。你一定希望工蜂开始在第二继箱里工作前，首先专注于填满第一继箱。

供采收蜂蜜的巢脾应是近乎全部封盖的。未封盖的巢房装着未成熟蜜，如果过早地被取出会发酵。

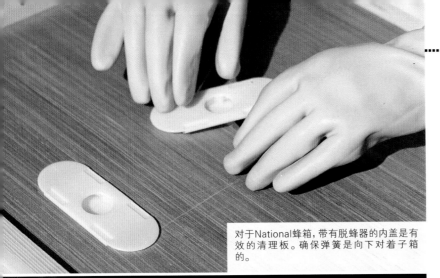

对于National蜂箱,带有脱蜂器的内盖是有效的清理板。确保弹簧是向下对着子箱的。

偷盗者

当你清理继箱里的蜜蜂时,它们容易遭受胡蜂等偷盗者的袭击。为了阻止盗蜂,用胶带将大盖下、继箱间以及继箱与子箱间的缝隙粘好。巢门口也不能太大。

清理蜜蜂

采收蜂蜜前必须将工蜂从继箱中清理出去。理想情况是在温暖、阳光充沛的天气清理蜜蜂,并且本地处于大流蜜期,此时蜜蜂进进出出、十分忙碌,无暇顾及继箱的挪动。清理蜜蜂最常用的方式是在子箱和继箱中间放一个清理板。清理板有1~2个出口,可允许工蜂爬出但无法返回继箱,例如带有脱蜂器的内盖。

- 拿开继箱,将清理板置于子箱上隔王板的顶部。
- 确保蜜蜂出口没有蜂胶、蜂蜡和其他的残渣,竖直放置金属弹簧,使之与一个3毫米的缺口对齐。
- 将继箱复位,盖上内盖,用木头或瓷砖堵住小孔。将大盖放回原处。
- 离开蜂群24~48小时。不要离开清理板长于48小时,因为工蜂最终会学会如何通过出口返回继箱。
- 查看每一个巢框,并用蜂刷轻轻地将残留的蜜蜂清理下来。

一个好建议:可用干净的塑料袋包裹蜜脾,一来能够防止污染,二来可隐藏蜂蜜的气味,不让胡蜂和其他偷盗者嗅到。

观察分蜂

分蜂是蜜蜂生活史的一部分。分蜂是老蜂王带着随行的工蜂建设一个新的蜂群，而留下一只处女王统治原来的那个蜂群，即蜂群自我繁殖的过程。

作为一个养蜂人，如果你的一个蜂群分蜂了并且可以找到分蜂群，你必须收集它。如果需要，你可以获得更专业的帮助。

为何要管理分蜂？

在养蜂圈，放任蜂群分蜂是不负责任的事情，因为分蜂带来很多麻烦。另一个考虑是，相比于不分蜂的蜂群，分蜂的蜂群通常生产更少的蜂蜜。这是由于在等待新蜂王交配的过程中幼虫被破坏，而且被分蜂群带走的蜂蜜需要补充。

早期迹象

一个蜂群通常在春繁后不久就开始做分蜂的准备，此时子脾快速扩大，蜂群需要更多的空间，而且天气越来越温暖。你将发现巢脾上出现橡木果形状的巢房，这些被称为王台基的东西是王台产生的第一个信号。检查王台基里面是否有卵或幼虫，如发现其一，那么你就应该考虑控制分蜂了。

最小化风险

你可以采取多种措施防止蜂群做分蜂准备，例如添加继箱为工蜂储存食物，为蜂王产卵提供更多的空间。然而，拥有充足空间的小蜂群仍会分蜂。部分养蜂人采取剪去蜂王翅膀的方式阻止其飞走。蜂王会掉落到地面上，在其打算回到蜂箱前，蜂王的周围会发生分蜂。然而，被剪翅的蜂王有时会因为被踩踏或受天敌攻击而消失不见。

你也可以用不善于分蜂的蜂种建立蜂群，但是对于初学者而言，认识它们的特性并从中获益并不是一件易事。

最后，你可以每年用新蜂王取代老蜂王，从而使蜂群在当季不分蜂，但请注意，这种方法并不是绝对保险。

分蜂时间

搞清楚以下时间点有助于你进行分蜂管理。

第1天: 蜂王在王台内产卵。

第3天: 卵孵化为幼虫。

第8天或第9天: 王台封盖。此时飞翔的工蜂常常与老蜂王一起分蜂。

第15天或第16天: 处女王出生。

如果你在第8天或第9天之前没有进行分蜂管理，那么老蜂王可能已经进行了分蜂。然而，有时候当一个或更多的王台封盖后，蜂群里仍可以看见老蜂王，可能是由于糟糕的天气或者其他因素不适合它进行分蜂。如果是这样的话，那你真够幸运的。

王台并不表明一个蜂群准备分蜂，观察它们是否开始向两侧拉长并检查其中有没有卵。

增加一个额外的继箱有助于缓解蜂群内的过度拥挤，而过度拥挤是导致分蜂的因素之一，然而这并不能从根本上阻止分蜂的发生。

万事俱备

在分蜂季节准备好蜂箱是十分必要的。除了正在使用的蜂箱，你要确保拥有带有巢框的干净的、空的蜂箱或交尾箱，如有需要，随时准备进行人工分蜂。

管理的是天性

实际上，养蜂人无法阻止分蜂的发生，他们只是在自然分蜂前通过人工分蜂控制这个过程。为此，要保持警惕。每隔7天检测蜂群十分重要，查看分蜂临近的迹象，例如王台和子脾接缝处裂开等。如果你发现了王台，例行检查能让你得到管理分蜂的锻炼。

分蜂？还是蜂王交替？

王台并不总是分蜂的征兆，它也有可能暗示工蜂试图替换老蜂王，可能是因为老蜂王开始变得产卵困难了（见第158、159页）。

- 准备分蜂的蜂群倾向于建造6个或更多的王台。
- 分蜂台往往悬挂在巢脾的底部，而替换台一般离顶部和侧面更近。
- 你可能会注意到老蜂王产卵力减弱，因而子脾建造的速度减慢，或者卵大部分都是雄蜂卵。

如果有疑问，无论如何你都要进行人工分蜂。如果新蜂王产卵力减弱或者老蜂王的产卵力开始变弱，这可能表明工蜂试图替换它，那么你可以合并蜂群（见第160、161页）。

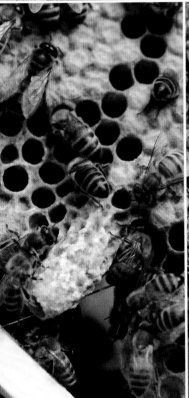

位于中央位置的王台被拖拽成与众不同的花生状。其内将包含一只幼虫，但不会封盖。

这种王台从底部被封盖，这或是该蜂群已经完成分蜂的标志，或是表明取代蜂王的密谋正稳步进行。

人工分蜂

人工分蜂的方法有许多种，这里仅描述了各种方法之间最简单的差异。你很可能每年都需要使用这些方法，也可能一见到蜂群准备分蜂就要使用，所以请充分了解你所使用的方法。

一定要温柔

处理巢脾时务必小心谨慎，不要将巢脾上下颠倒，也不要撞击或摇晃它们，否则会伤害到里面的幼虫。你不会愿意处女王在出生前就被杀死。

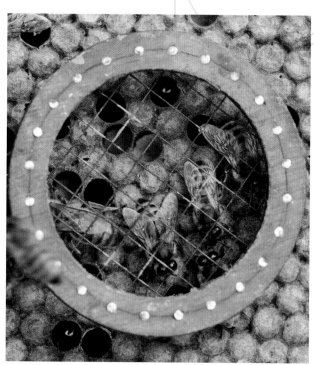

1 你已经检查了蜂群并且发现了王台。这些王台未封盖，其中少数内含幼虫，就像这张图中所显示的那样。在每一个有王台的巢脾顶板上插入一个图钉。

2 找到老蜂王，做上标记并将其固定在巢脾上。你正在检查的蜂群我们称之为"母群"。

转移被囚禁的蜂王

3 在母群旁放一个交尾箱或新蜂箱。将固定有老蜂王的巢脾从母群移入交尾箱或新蜂箱。确保巢脾上并无任何王台。这个交尾箱或新蜂箱中的蜂群我们称之为"人工分蜂群"。

4 将另一块封盖的子脾从母群移入交尾箱或新蜂箱，还包括1~2个新的蜜脾。用新的子脾和巢础将人工分蜂群的蜂箱的空间填满，新巢础很可能被拉成巢脾。

5 从母群其余子脾上抖落约3框蜜蜂到人工分蜂群里，并保证温暖。不要从带有王台的巢脾上抖蜂，那样会伤害到里面的幼虫。

6 将蜂王释放出来,放好隔王板、内盖和大盖。减小巢门大小,便于蜜蜂抵挡所在蜂群的分蜂。如果前一周预报了恶劣天气,你需要饲喂蜂群。

遗弃分蜂

当一只处女王从王台里育成后，它会第一时间杀死竞争对手而夺取王位。它是通过蜇刺王台中未育成的处女王而达到此目的的。大约8天后，处女王将婚飞，如果交配成功，它会返回蜂群并作为蜂王行使产卵的职责。

处女王也可能在交配后带领一些分蜂飞走，而不是待在母群，我们称之为"遗弃分蜂"。在蜂王建立蜂群前可能会发生多次遗弃分蜂。

遗弃分蜂会导致母群规模大幅缩小，因此，养蜂人很难在当季获得蜂蜜的丰收，因而需要来年继续建立蜂群。

通过限制可能产生新蜂王的母群中的王台数，可以达到阻止遗弃分蜂的目的。通常保留2个看起来最好的王台，一个用来培育王位继承者，一个备用。

处女王啃咬王台周围的封盖，出房后形成空王台。

插入新的子脾

7 用子脾填满母群中的空间。如果出现了5个或更多的王台，你会想毁掉其中的3个或更多以保证只有1~2个处女王育成。保留存在时间最长、个头最大的王台。

8 1周后检查母群中是否有更多的王台。弄掉多余的王台，但要确定存留的王台充满活力。

继箱储蜜

如果蜂群已经开始在继箱里储蜜了，将其留在母群的上面。新蜂王育成、交配和产卵的过程中很可能需要这些储蜜。

9 现在请离开母群至少2周时间，让新蜂王育成、婚飞和产卵。这个时间段如若开箱会使婚飞归来的新蜂王迷惑，从而导致其抛弃蜂群或者丢失。

10 在这个时间段检查人工分蜂群及老蜂王是否正常。如果人工分蜂群在交尾箱中，一旦所有的巢脾被建好并填满，需要将它们转移到一个全尺寸蜂箱中。

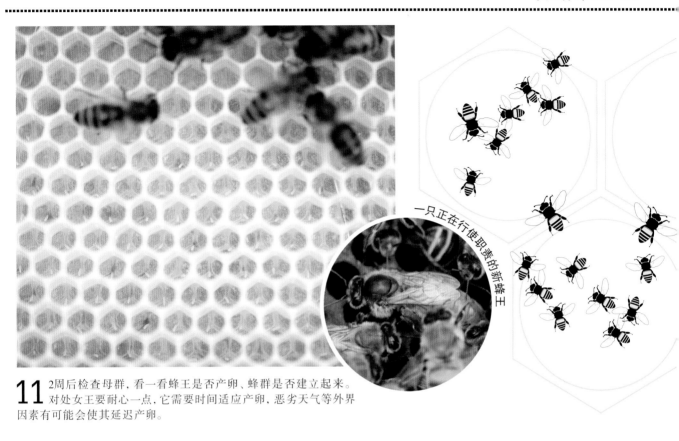

一只正在行使职责的新蜂王

11 2周后检查母群,看一看蜂王是否产卵、蜂群是否建立起来。对处女王要耐心一点,它需要时间适应产卵,恶劣天气等外界因素有可能会使其延迟产卵。

蜂王丢失或培育失败

蜂王是否已经外出飞行了?你可能看见蜂群中的王台已经封盖了,却见不到老蜂王的一丝踪迹。这可能表明蜂群已经分蜂,老蜂王已经飞走。在这种情况下,弄掉多余的王台,只保留2个以降低蜂群进一步发生遗弃分蜂的风险,然后给母群2周时间,等待处女王育成和交配。

1个月后你可能会发现母群的新蜂王已经不再产卵或只产雄蜂卵,有可能是新蜂王并没有成功交配。你应该再给它1周时间,部分新蜂王是慢性子,也可能是糟糕的天气或花蜜缺乏导致了交配延迟。

如果你确定新蜂王培育失败,可以将其从蜂群中取出杀死,然后将母群、人工分蜂群以及老蜂王合并起来(见第160、161页)。不过在你这么做之前,检查人工分蜂群,看一看老蜂王是否在人工分蜂群里面和它是否能很好地产卵。你不会希望合并2个都没有蜂王的蜂群。

如果你无法找到新蜂王,并且母群中也没有新产的卵和幼虫,那就放入一个来自人工分蜂群的满是蜂卵的巢脾,测试一下蜂王是不是躲起来了。如果新蜂王确实丢失了,那么工蜂会利用测试巢脾中的蜂卵造一个新的王台。你可以在合并蜂群前的检查中将王台弄掉,或者保留这个王台并让蜂群培育出一只新蜂王。

请记住: 蜜蜂和你看的书并不一样!想搞清楚蜂群是否准备分蜂、人工分蜂群是否正常工作,对于一个经验丰富的养蜂人来说也相当不容易。别忘了,这只是学习养蜂的一部分而已。

收集分蜂群

分蜂是一个不可思议的自然现象。如果你不是一位养蜂人,最好把收集分蜂群的活儿交给经验丰富的养蜂人来做,你可以通过本地的养蜂组织来联系他们。如果你是一个新手,收集分蜂群的事,你可以在有经验的收集者的帮助下学会。

分蜂群的脾气

虽然蜜蜂蜇人永远都是一种危险,但分蜂群通常具有好脾气,因为蜜蜂在起飞前已经吃饱了肚子。由于没有守卫后代和食物的任务,分蜂群较之普通蜂群攻击性弱了很多。

剪枝用的修枝剪

1 在分蜂群的附近放一个白色的床单,让路过的人保持一个安全距离。

2 如果一个分蜂群在树上安定下来,清除周边的树枝和树叶让其利落地落下来。

3 如果你准备好了抓住分蜂群,剪断分蜂群附着的树枝,下方则放一个临时的容器。如果收集得干净利索,分蜂群仍能保持完整,并能继续聚集在一起。因为需要在多个地点收集分蜂群,所以一部分蜜蜂飞散而去是不可避免的。草编蜂窝、通风纸板箱、交尾箱以及特制的分蜂箱都可以作为合适的容器。

4 将草编蜂窝倒扣在白色床单上，以一侧为支撑轻轻打开一个缺口，让蜜蜂在草编蜂窝里面和边上重新聚集。如果蜂王仍在的话，蜜蜂会安定下来。

分蜂群围绕草编蜂窝聚集

5 当蜜蜂安定下来后，轻轻地将草编蜂窝移到床单中间，这样做会让包裹变得更加容易。

草编蜂窝和分蜂群被安全地包裹着

6 拉着床单的边缘，轻轻地盖上分蜂群，这样就可以将包裹的蜂群送往一个新的放蜂箱的位置了。

7 分蜂群将被送进一个交尾箱或空的蜂箱中，重新建设蜂群。如果知道蜂群所有者是谁，分蜂群将被还回去，或者作为第一个蜂群送给初学者。

蜂王问题

一个好的蜂王应该产卵力强，其产生的后代工蜂要工作积极、性格温顺。同时，蜂王需要能够稳定蜂群，后代工蜂分蜂性要弱。以上这些优良性状是培育蜂王时要考虑的。但是如果蜂群中的蜂王与上述性状恰恰相反，蜂群会怎样？又要如何解决这些蜂王问题呢？

产雄蜂蜂王

产雄蜂蜂王是指产的卵大部分或全部都是雄蜂卵的蜂王，这意味着该蜂王不能再继续产受精卵来产生雌性工蜂后代了。当蜂王不能有效地提供新的工蜂，那么蜂群将无法发展甚至不能很好地保护自己，最终蜂群会走向衰败。

新的、年轻的蜂王可能会成为产雄蜂蜂王，这往往是因为蜂王婚飞交配次数少，没有储存足够的雄蜂精液，导致一些卵不能受精，从而产下未受精的雄蜂卵。刚出房的处女王如果由于长时间的恶劣天气导致其不能婚飞，同样也会变成产雄蜂蜂王。

年老的蜂王在用尽了储存的雄蜂精液后会逐渐成为产雄蜂蜂王。从一些迹象可以看出蜂王老了，比如产卵力下降、产子分散、巢脾中部有越来越多的雄蜂房出现等。

解决方法

很不幸，解决产雄蜂蜂王问题的唯一办法就是去除蜂王。虽然不忍下手，但去除蜂王对整个蜂群的存亡来说是必须做的。

一般情况下，工蜂能够识别出产雄蜂蜂王并采取措施来取代它，或者称为"交替"（见第159页）。有时蜂群进行自然交替会失败，导致产雄蜂蜂王继续产卵影响蜂群群势，这时就需要养蜂人采取一些措施：

■ 找到老蜂王并将其关起来。去除老蜂王是最后的手段，如果这是必须做的且你已经下定了决心，那就抓紧行动：可以用起刮刀切断蜂王头部或者将它放到肥皂水中。

■ 从健康的蜂群中提一张有卵和小工蜂幼虫的子脾到该无王群中。需要注意的是在放入子脾前一定要除掉老蜂王，否则工蜂可能会不培育新蜂王；即使工蜂造了王台来培育新蜂王，老蜂王也可能会毁掉这些王台。

■ 15~16天内，新的蜂王会羽化并进行婚飞交配，开始领导蜂群。

■ 如果工蜂培育新蜂王失败了，你也许应该考虑再试一次或是把无王群和其他蜂王状况良好的蜂群进行合并（见第160、161页）。

作为养蜂人，你和蜂王的关系应该是亲密的，你应该了解它的性格，还要喜欢这位蜂群的统治者。

雄蜂房比工蜂房要大，有凸出的半球形的顶盖，经常会在巢脾的边缘被发现。

雄蜂数量变多可能意味着蜂王正在成为产雄蜂蜂王，但是在分蜂的季节绝大多数蜂群都会产生较多的雄蜂。

在巢脾中部的王台一般是蜂王交替的标志，如果蜂王丢失或衰老，工蜂会紧急地替换它。

产卵工蜂

工蜂产卵是完全无用的，因为产卵工蜂是未交配受精的雌性个体，没有精子来产生受精卵。它的后代都是雄蜂。

工蜂产卵的标志是蜂群中有越来越多的雄蜂和雄蜂房，并且在一个巢房中能看到两个或两个以上的卵（蜂王会认真地在每个巢房只产一粒卵）。但是不要急着下结论，因为刚交配的新蜂王有时也会犯错。

衰老的蜂王也可能导致工蜂产卵。因为当蜂王变老时，它产生的信息素会随着产卵能力的下降而减少，而该信息素是它控制蜂群的关键。蜂王信息素的缺乏会导致工蜂产卵。

解决方法

如果你的蜂王是健康的，那么那些工蜂产的卵很可能会被其他工蜂吃掉，这被称为"食卵性"。如果产卵工蜂被抓了个现行，那它将会被它的"姐妹们"严肃处理。在蜂王变老且工蜂产卵的情况下，养蜂人的做法如下：

■ 剔除老蜂王并放入一张子脾来培育新蜂王（详见第158页"产雄蜂蜂王"）。
■ 如果有几个工蜂产卵，那蜂群可能不会培育新蜂王，这种情况下养蜂人应该把无王群和其他蜂王正常的蜂群合并（第160、161页）。

失王

失王经常是养蜂人的一些小错误导致的：比如开箱检查时，移动巢脾很容易压扁蜂王导致失王。别太难过了，每个养蜂人都犯过这个错！急造王台往往在巢脾中间幼虫的边上，这是个信号，表示蜂王可能不见了。

解决方法

这种情况你几乎没什么可做的，只能等蜂群培育新蜂王来弥补你的错误。

蜂王交替

如果工蜂发现蜂王存在问题，它们会建造交替王台培育新蜂王来取代它。有时很难区分工蜂是打算分蜂还是进行自然交替，你必须依靠其他现象来做出判断，比如蜂王产卵情况怎么样以及是否有很多雄蜂房等（第149页）。但是也会存在没有其他现象的情况，你会困惑为什么蜂群要替换掉一个健康的蜂王，这就只有蜜蜂自己知道答案了……

替换产卵力下降的老蜂王通常都是在季末。蜜蜂更希望选一个年轻强壮的新蜂王来带领它们越冬并在春季重建蜂群。当然，这也不是一成不变的，自然交替会发生在别的任何时间。

合并蜂群

合并两个蜂群就是将两个独立的蜂群的育虫箱并入一个蜂箱，由一个蜂王来领导。蜂群的合并一般是为了解决蜂王问题和无王群问题，或是将两个弱群合并成强群。

最佳时机

最好的合并蜂群的时间是在一天结束，大多数飞出去的蜜蜂已经回巢时。这时合并蜂群有助于防止无王群外出的蜜蜂迷路。

冬季并群

初学者大多数都是在蜂群由于蜂王问题表现出群势下降的迹象或蜂王丢失（见第158、159页）的情况下来合并蜂群的。但在季末也要进行蜂群的合并，要估计一下蜂群的群势状况保证蜂群能顺利越冬。你若发现蜂王老化、产卵力低，在春季不能迅速繁殖起来的弱群，这时就要去除老蜂王并将这群蜜蜂与另一个群势弱但蜂王年轻的蜂群合并，这样就能组建一个蜜蜂多、食物储备多的强群来顺利越冬。

人工分蜂后并群

人工分蜂（见第150~155页）后也可能需要并群。虽然人工分蜂后蜜蜂数量得以继续上升，但是也会造成产蜜量的损失。这时最好的解决办法是将分出的蜂群并入蜂王产卵能力优异的更大的蜂群。所以养蜂人也常在人工分蜂后进行合并蜂群的操作，因为人工分蜂后不管是分蜂群的新蜂王还是分走的蜂群中的老蜂王都不是好的蜂王。

检查蜂群是否是无王群

你必须在合并蜂群前确定有一群是无王群。两个有蜂王的蜂群被合并会导致蜂王间及两群的工蜂间打架。为了检查蜂群是否是无王群，可以把一张用来测试的幼虫脾放入蜂群，1周后拿出，如果工蜂已经开始建造王台，那么该群应该就是无王群；如果没有巢房被拉长为王台，那就要仔细检查蜂箱了，因为可能有蜂王藏在里面。

1 打开两个蜂箱，露出育虫箱，移开隔王板。在有蜂王蜂群的育虫箱上放两层报纸。

2 将隔王板盖在报纸上，目的是让两群蜜蜂在咬开报纸穿行的过程中逐渐适应彼此的气味。

3 透过隔王板的栅栏，用起刮刀在报纸上戳几个洞，引导蜜蜂通过咬报纸来穿行。

4 将无王群的育虫箱盖在有蜂王蜂群的育虫箱上。将隔王板、继箱、内盖、大盖放在无王群的育虫箱上。

5 1周后开箱检查，正常的情况下，你应该观察到蜜蜂已经咬掉了绝大部分的报纸，两群蜜蜂表现得像一群蜜蜂一样和谐，由你选择的那只蜂王来领导。

越冬准备

从夏季进入秋季，天气变凉，白天变短，蜂箱中蜂王产卵量也下降，子脾面积减少。雄蜂被工蜂拖出蜂群，采集蜂则带着红宝石色的蜂胶飞回蜂群，这些蜂胶用来修补蜂箱的漏洞，使蜂箱有更好的隔热效果。这些便表明蜂群正在为冬季做准备。

最佳时机

养蜂人通常在最后一种蜜源采完后开始为蜂群越冬做准备，但是根据当地气候和流蜜期的情况，时间会有所不同。例如，在靠近开花时间晚的蜜源植物的地方，大流蜜期可以一直持续到仲秋。

蜂箱维修

检查你的蜂箱，需要时进行维修，使它们可以度过冬天。如果蜂箱下面有通风架，要确保蜂箱下的地面干净、能够通风。当蜂箱的位置没有遮挡时，为了保护蜂箱则需要用绑带进行固定。此外还要修剪杂草的枝叶，使蜂箱入口不被挡住。

养蜂供应商可提供蜂箱绑带，使用绑带固定蜂箱可防止其在大风天气中翻倒。

确保蜂群强壮

养蜂人必须确保每个蜂群都能有一个最好的开始，可以强壮、健康、食物充足地进入冬季，直到春天的到来。

蜂群的蜂王准备好了吗？

理想情况下，一个强壮的蜂王要能够保持子脾大小合适，有健康、年轻的工蜂来度过冬季。所以要留意你的蜂王在仲夏至夏末的产卵情况，评估它是否太老了、不能生产足够的卵，或者是否可能变成产雄蜂王。

如果你饲养蜜蜂是为了最大限度地生产蜂蜜，通常要每年换一次蜂王。当然，如果你养蜜蜂只是为了简单地享受，那么就没有必要替换掉一只虽然年老但仍然产卵力良好、能够维持强群且个性温和的蜂王，或者你可以把它转移到交尾群来育种。夏季换王时，新蜂王在确保已经交配后便可安置到蜂群中进行产卵，这一时间不宜太晚。第158、159页有更多相关的信息。

食物储备是否充足？

食物储备对于要度过漫漫长冬的蜜蜂来说是关乎存亡的大事，不能小觑。平均一个育子箱的蜂群需要18~22千克蜂蜜来越冬。一张全封盖的蜜脾可以提供2.2千克的食物。在你收获夏天大流蜜期的蜂蜜时，要注意子脾有多少储蜜，然后决定是否需要留继箱来越冬。考虑到较晚的流蜜期可能会促进食物储备，所以还要留心天气状况，以防夏末的雨天阻碍蜜蜂采集。

蜜蜂是否健康？

与周边的养蜂人交流，了解他的蜜蜂的健康状况，同时在自己的蜂群中仔细观察有没有疾病发生的征兆，比如蜜蜂出现残翅（蜜蜂残翅病毒的标志）或蜂螨变多，后者意味着要用灭螨的药物（见第143页）。

是否要合并蜂群？

当蜂群的蜂王快不行了，或是个别蜂群群势太弱时，有可能要合并蜂群。合并前要确保这些蜂群都是健康的，并认真考虑哪个蜂王的性状是你想让它的后代具备的。最后，合并的时间别太晚。参照第160、161页合并两个蜂群。

夏末减小蜂箱出入口的大小，使蜂群更容易抵御偷盗者、胡蜂及其他害虫。

夏末到早秋在蜂箱前安装隔鼠板来阻止老鼠冬天进入蜂箱造窝。

抵御有危害的
小动物

一些有害的小动物在夏末后会给蜂箱和蜂群造成一些麻烦。

胡蜂

胡蜂以蜂群尤其是弱群为目标，偷盗蜂蜜使蜂群被毁。

在蜂场周围放几个自制的捕胡蜂装置来阻止胡蜂入侵：

- 将塑料瓶上端裁掉。
- 将水、果酱、醋（能够吸引胡蜂，不吸引蜜蜂）混合后装半瓶。
- 把裁掉的塑料瓶上端倒置插入瓶身，这样胡蜂就只能进而很难飞出去了。

如果胡蜂危害很严重，要调整蜂箱出入口大小，使守卫蜂能够更容易保护蜂群。这也有助于阻止附近蜂群的入侵。此外，还要用厚胶带修补木制蜂箱的缝隙，防止胡蜂飞入蜂箱。

老鼠

温暖且储有蜂蜜的蜂箱是老鼠和其他小型啮齿类动物在冬天理想的造窝地点。用图钉在蜂箱入口装上隔鼠板能够有效防鼠，安装时要确保方向正确，把蜂箱入口和隔鼠板的孔对齐，使蜜蜂可以自由进出。

绿啄木鸟

绿啄木鸟冬季会在蜂箱上打洞，然后吃掉蜜蜂，毁掉巢脾。用细铁丝网围住蜂箱可以作为一种简单的防护措施，装的时候要预留30厘米的缺口，并将铁丝网弯到蜂箱后面合在一起，形成一个笼子。

用细铁丝网裹住蜂箱是防止绿啄木鸟在冬季毁坏蜂箱的简便易行的办法。

冬季检查

随着温度持续下降，冬天的小蜂群聚集在蜂王周围形成一个橄榄球状的物体，振动它们的翅膀来保持温暖。在晴朗、明亮的冬日里，工蜂们会进行爽身飞行，在巢外伸展翅膀并排便。当工蜂在集群的边缘或到蜜脾上收集食物时会因为过冷而自然损耗掉一些工蜂。

冬季和早春检查

在冬天，由于温度太低，没有足够的时间来打开蜂箱，所以全面检查不再进行。但还是建议每周或每两周去一次蜂场，检查蜜蜂是否安全过冬。

掂重

掂重是指从地面上抬起一个蜂箱来检查它的重量。如果你能勉强抬起它，那么巢箱和继箱的蜂蜜储备可能还是充足的。如果蜂箱很容易抬起，这表明蜂群的蜂蜜储备消耗得所剩无几了，蜂群需要饲喂。

清理巢门

冬季蜜蜂的自然损失会导致蜜蜂尸体堆积、堵塞巢门，清理蜜蜂尸体的工蜂无法有效地完成它们的工作。用一根棍子戳入巢门清理掉所有的蜜蜂尸体，但是记住要做好防护，因为在这样的场合遇到一只愤怒的守卫蜂并不罕见。

检查隔螨板

即使你不再全面检查蜂群，通过检查隔螨板你也能了解蜂群发生的事。每个月将板子放置在箱底7天，但不要一直放在那里，因为这会阻碍自由通风。板子上会有一些花粉粒、蜡屑和其他碎片，这些碎片会让你知道蜂团的位置以及蜜蜂有多少脾。蜡渣能反映蜜蜂是否在吃蜂蜜及蜂蜜的位置。同时别忘了计算掉落的蜂螨的个数：检查瓦螨的数量有助于决定春天对巢脾类型的改变。比如对在冬天及早春表现出有大量瓦螨的蜂群来说最好进行人工分蜂。

冬季通道

在冬季前的最后一次检查中，用起刮刀在子脾中间修一条通道。这有助于工蜂离开蜂团在巢脾间寻找食物，而不会迷路受冻。

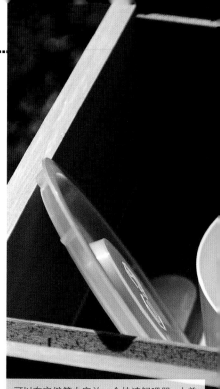

可以在空继箱中安放一个快速饲喂器，内盖中部开一个孔，孔里放一个小的漏斗，可以让蜜蜂爬上来。

如果蜂群的育子箱和储蜜区被隔离开了，一个应急的办法就是用方旦糖，方旦糖很容易被蜜蜂所接受并食用。

饲喂蜂群

在秋季和春季，可以通过饲喂糖浆来帮助蜂群建立起食物储备。冬季中后期到早春，如果蜂群消耗夏天储备的蜂蜜太多，也可能需要用到方旦糖来饲喂蜂群。即使你已经在蜂箱中留下了十分充足的蜂蜜，还会出现需要饲喂的情况，尤其是在暖冬，温暖的天气会激励蜜蜂更加活跃并更快地消耗它们的储备。

糖浆
已经配制好的糖浆可以从养蜂供应商那里购买。其实自己做起来也很简单，在1千克未提炼的白砂糖中加水600毫升，然后缓慢加热使糖溶解。要避免快速加热，不要把混合物煮沸，因为糖浆可能会过热而成为焦糖。配制好的糖浆可以通过快速饲喂器等装置来饲喂给蜂群。

避免使用甜菜糖，这可能导致腹泻；也不要使用不纯净的糖，如红糖。

不要给蜂群饲喂蜂蜜，除非是产自该群的蜂蜜。在蜂群间混饲蜂蜜会导致病原体传播，并且蜂蜜的香味会导致偷盗者出现。

每周清理一次饲喂器并更换糖浆。自制的糖浆1周后就会开始发霉变质，蜜蜂也会溺死在糖水中并释放胃里的东西，这会导致肠道寄生微孢子虫的传播。

一些其他情况也可能要饲喂糖浆，例如，长时间下雨导致蜂群采不到充足的花蜜，或帮助分蜂群、合并蜂群、换王群重新恢复正常。

方旦糖
方旦糖是一种浓缩的糖，最好从商品供应商那里购买。饲喂时，在塑料包膜上切一个小口，放在蜂箱内盖中间的孔上。蜜蜂有需要时，会爬上来慢慢吃。你可能会发现蜂群还有蜂蜜储备时就开始吃方旦糖了，这可能是因为在非常寒冷的日子里，巢房上部的方旦糖要比蜂箱另一端的蜂蜜更容易获取。

注意： 方旦糖只能作为应急食物使用，不适合在蜂群建立食物储备时使用。糖浆是糖水混合物，蜜蜂可将其转化为蜂蜜或筑巢用的蜂蜡。但方旦糖不能提供水分，只能被蜜蜂直接食用，不能像蜂蜜一样转化或储存。

在早春，方旦糖可以作为观察蜂箱的窗户，可以透过它看到工蜂是否健康及它们的活动情况。

更换巢脾

早春到春季中期要将所有的老旧子脾都替换掉，让蜂群在新的、干净的蜂箱中开始新的一年。这可以被称为"春季清理"，是为了控制害虫与疾病。只有育虫的子脾需要替换，因为这是蜜蜂培育幼虫的地方，也是病原体最容易滋生的地方。

贝雷法

贝雷法更换巢脾是在老的育子箱上放上装有新巢础的消过毒的新育子箱。2~3周中，蜜蜂会逐渐在新巢础上造脾并搬入新家。贝雷法是一种温和的换脾方法，蜂群不会因此损失幼虫或食物储备。

贝雷法的不足之处在于不能有效摆脱害虫和疾病的困扰，因为在换脾期间孵化的幼虫会携带病原体从旧的巢脾爬到上面蜂箱的新脾上。所以贝雷法更适用于没有疾病征兆的强群。

用贝雷法更换巢脾通常需要2~3周，但是天气不好或蜂群较弱时会延迟一段时间。你可以用隔板逐渐减小下方旧育子箱的空间，同时增加上方新育子箱的空间来刺激蜂群快速完成转移。

最佳时机

更换巢脾的时机取决于蜂群强壮程度及天气状况。你最好等到有持续温暖的好天气时进行操作，这会使蜜蜂更容易泌蜡造巢、外出采集，重建育子区。

1 在当前的育子箱上放一个装有新巢础的新育子箱或消过毒的旧箱，上面盖上中部有孔的内盖，并在大盖下或另外一个空的、干净的继箱内安装饲喂器。饲喂器内倒入糖浆（1千克的白砂糖配600毫升的水）。

2 给蜜蜂1周的时间在巢础上泌蜡造脾，然后将蜂王转移到新的育子箱中，并在两个箱子间放上隔王板阻止蜂王爬下来。几周后蜜蜂会造好巢脾，同时下面旧蜂箱中的蜜蜂包括羽化的幼虫将会爬到上面的新蜂箱中。

3 当所有的新巢础都造好了巢脾，就要移开旧蜂箱进行清理，同时烧毁旧的巢脾。新的蜂箱要放置在干净的底板上。上面依然要放上带孔的内盖用来饲喂，除非外界的蜜源植物大量流蜜，足以使蜜蜂建造更多的子脾并在育子箱中有食物储备。

更换巢脾的小技巧

别忘了你自己也要讲卫生：在更换多群蜜蜂的巢脾时要注意清洗或更换手套，起刮刀等工具也要及时清洗。

旧的蜂箱要清理，用来下次使用。清理时用起刮刀刮蜡并用喷灯来对木头进行消毒，但要小心别把木头烤焦了。

处理旧巢脾要迅速，防止蜜蜂盗蜜、传播疾病。

旧巢脾上的蜂蜡如果质量还好的话，可以裁掉用来做蜂蜡蜡烛（见第178~185页）。

最少要每2~3年更换一次巢脾。大多数养蜂人每年都换一次，以预防疾病和防治害虫。

取过蜂蜜的继箱中的巢脾可以重复利用多年，这取决于巢脾的破损程度。

摇晃分蜂法

用摇晃分蜂法替换子脾就是直接将蜜蜂抖在新的育子箱中。这种方法在预防疾病和控制害虫方面有优势。这种方法还能通过复制自然分蜂的状况来刺激蜂群迅速重建蜂巢，蜂群往往可以迅速重建起来并能有好的蜂蜜收成。虽然绝大多数的强群都能很好地恢复过来，但也有蜂群不能恢复的风险。摇晃分蜂法也能够防治欧洲幼虫病（见第143页）。欧洲幼虫病是须上报的蜜蜂病害，如果蜂群确诊患有欧洲幼虫病，要在当地蜂管站检查人员的监管下进行摇晃分蜂操作（见第143页）。

1 将旧蜂箱放在一侧并在原来的位置上放一个新的底板。在底板上盖上隔王板防止蜂王离开它的新家，然后把育子箱放在上面。

2 在育子箱中放满新的巢脾，移出中间的4张留出抖蜂的空间。点燃喷烟器用来在摇晃分蜂时控制蜜蜂。找到旧蜂箱中的蜂王并将其关起来，保证它的安全。

弱群

严重感染瓦螨的弱群在摇晃分蜂操作后有无法存活的风险。一个可供选择的解决办法是把蜜蜂抖到一个有五足框蜜蜂的核心蜂群中,使它们在重建蜂群时保持温暖。

4 抖动旧蜂箱,将仍然留在里面的蜜蜂用蜂刷刷下来。将开始拿出的中间4张脾放回原处,在新巢脾之间放出蜂王。如果有需要可以插入隔板并在箱上盖上内盖。

3 一张脾一张脾地将旧蜂箱中的蜜蜂抖入新的蜂箱。抖蜂的时候要保持巢脾在新育子箱中部空隙上方1/3脾的高度,将巢脾猛地向下移动然后停止来甩脱蜜蜂。不要把巢脾在蜂箱侧面猛拉或敲击。

5 用600毫升水与1千克白砂糖配的糖浆饲喂蜜蜂。糖浆有助于蜂群恢复,并能够提供能量使它们造新脾,持续饲喂直到蜂群造完所有巢脾。当蜂王开始产卵1周后移除隔王板。

蜜蜂的
"赏赐"

蜂蜜的采收

从蜜脾中采集蜂蜜是一个简单且令人有收获感的过程，同时这是一项艰巨的工作。在收集蜂蜜的过程中，蜂蜜甜蜜的味道能够吸引远近的昆虫"结伴"而来，因此在这个过程中要将门窗关闭，从而保证不被蜜蜂、黄蜂以及其他昆虫打扰。

采集过程

1 使用割蜜刀或者起刮刀去除蜜脾底部和边上的巢脾，否则这些巢脾会掉落到摇蜜机内，并带来不必要的麻烦。最好的方法不是将这些巢脾扔掉，可以将其切成小块的巢蜜放在小托盘上，并作为礼物送给自己的亲朋好友。

2 在使用摇蜜机摇取蜂蜜之前，我们要用热的肥皂水清洗所有操作平台以及摇蜜机等设备，并对其进行消毒。然后穿上围裙，扎好头发，并取下佩戴的首饰等。

出售蜂蜜

蜂蜜是一种老少皆宜的食品,你可以将自己收集的蜂蜜送给亲朋好友。然而,如果你向他人出售蜂蜜,那么你必须遵守政府在食品加工和销售方面的法律法规。

在英国,销售的瓶装蜂蜜必须符合2015年的蜂蜜规定或者苏格兰、威尔士和北爱尔兰等地区蜂蜜加工和销售的相关规定。

英国养蜂人协会(BBKA)的网站上提供了一份关于蜂蜜的加工和销售的咨询小册子。

3 将割蜜刀或蜜盖耙置于热水中温热后,可以用于去除蜜脾上的蜡盖。将去除蜡盖的蜜脾放入一个干净且消毒处理过的桶内,收集所有的蜜滴。

4 将去除蜡盖的蜜脾放入摇蜜机内的蜜脾转架内,准备摇蜜。

蜂箱温度

在蜂箱中,蜜蜂能够让蜂蜜保持一定的温度,这使得蜂蜜更容易从蜜脾上分离。因此在移除蜜脾上的蜜蜂后,将蜜脾带回家之前要准备好所有的设备。

5 当摇蜜机内放入几个蜜脾后,盖上摇蜜机盖子。抓紧摇蜜机的把手,缓慢转动把手,然后慢慢加速,使蜜脾保持一定的转速,从而将蜂蜜从蜜脾中"摇"出来。

珍惜每一滴蜂蜜

在蜂蜜采集过程中,蜂蜜会从去蜡盖的蜜脾上滴下来。为了能够收获更多的蜂蜜,最好晚些时间再进行过滤,让蜜脾上剩余的蜂蜜都能够滴下来,成为我们收获的一部分。

6 把摇蜜后的蜜脾转移到一个干净的桶内,让蜜脾上剩余的蜂蜜滴出来。然后继续摇蜜直到将所有的蜜脾都摇完。

7 将盛满蜂蜜的摇蜜机放置到一个固定的平台上,打开摇蜜机的出蜜口,将蜂蜜转移到一个干净的桶内。

摇蜜后的蜜脾

在摇蜜的过程中,蜜脾通常会有一部分被损坏,但蜜蜂能够将其修复。摇蜜后的蜜脾被放回到蜂箱后,工蜂不仅能够采集巢房内剩余的蜂蜜,还可以修复蜜脾上的缺口和缝隙,使其能够继续用来存储蜂蜜。

8 当蜜脾上的蜂蜜分离完成后,将蜜脾放回蜂箱内。

过滤和灌装

9 用摇蜜机分离出来的蜂蜜会含有少量的蜡屑和其他的碎片（幼虫或者蜜蜂肢体），我们利用尼龙过滤器过滤掉这些碎片后，得到比较纯净的蜂蜜。

10 在过滤的时候，需要将蜂蜜慢慢地倒入尼龙过滤器中，并且需要重复过滤几次，从而保证最后得到的蜂蜜纯净。

11 在灌装蜂蜜之前，要对盛放蜂蜜的广口瓶和瓶盖进行清洗和消毒：利用温的肥皂水洗净所有的瓶子和盖子，然后在烤箱里以130℃烘干消毒。

12 先将过滤后的蜂蜜转移到一个罐子里，再小心地将其倒入消毒后的广口瓶中密封保存。如果你打算出售蜂蜜，需要给它贴上"蜂蜜"的标签，并且标明采集时间、采集人的姓名和地址。

蜂蜜的保存

在蜂蜜分离和灌装后，最好将蜂蜜静置几天，这样可以排出蜂蜜中的气泡：把蜜桶放在厨房阴凉的地方，并用尼龙纱布遮盖。几天后，气泡就会浮到表面，变成"泡沫"，这样就可以轻松将其去除。不同蜂箱和不同年份，采集的蜂蜜的质量和成分也不尽相同。你可能需要第二次静置蜂蜜；或者它可能不需要长时间的静置，并且可以在采集当天装瓶。

蜂蜡的采集

养蜂人通常在蜂蜜采集过程中收集去除的蜡盖、蜂箱内的边脾、坠脾以及巢脾的碎片和旧巢脾,获得很多蜂蜡。即使是黑乎乎的子脾,通过回收得到的蜂蜡的数量和质量都很惊人。

工具和材料

● 细棉布、软抹布或其他过滤材料 ●剪刀 ● 厚橡皮筋 ● 干净的空食品罐,并将其两端去掉 ● 未过滤的蜂蜡 ● 2个双层蒸锅或2个水浴锅,后者由不锈钢罐、三脚架和炖锅组成;也可将这两者搭配使用

热水器或锅炉

太阳能熔蜡器

蜂蜡的采集和清理 蜂蜡的初步回收可以使用以下三种工具:太阳能熔蜡器、蒸锅或Burco水浴锅。通过加热将巢脾上的蜂蜡熔化,由于蜡的密度小于水,熔化后的蜂蜡会在水面凝固。

太阳能熔蜡器 使用太阳能熔蜡器熔蜡是最简单也是最环保节能的熔蜡方式,通常放入巢脾后,一直到晚上都不用看管。但必须保证当天的阳光充沛,剩下的只是简单地清理碎屑和刮掉巢框碎片的工作。如果需要进一步清理,只要重复使用熔蜡器,就可以很轻松地从底部的蜡盘内收集一大块蜂蜡。

蒸锅 通过对蒸锅内的水加热产生水蒸气,这些水蒸气随后进入装有巢框的蒸笼内。当热量在蒸笼里累积到一定程度时,熔化的蜂蜡就会流进一个事先准备好的容器内,随后经过冷凝水的冷却而凝固。这种方法特别适用于冬季蜂蜡的收集。

热水器或锅炉 热水器或锅炉,其实就像是一口大锅,通过对锅里的软水和巢脾加热,使蜂蜡熔化后浮到表面。较大的锅炉可以直接放入整个巢框,较小的锅炉需要用剪刀把巢脾剪碎。将巢框或者巢脾用棉布袋装好,然后放入锅内加热。当达到一定温度时,蜂蜡就会熔化,经棉布袋过滤后蜂蜡浮到水面,而旧的巢脾则被留在棉布袋里熔化。等锅里的水冷却后,水面就有一大块凝固的蜂蜡。

1

蜂蜡过滤

无论你用哪种方法来熔蜡,最终得到的固体蜡都会含有一些碎屑,且大部分都是在蜡块的底部。除去这些碎屑的最简单的方法是将蜂蜡重新熔化并进行过滤。通常细棉布、软抹布都可以用于蜂蜡的过滤,但必须选择结构较紧密的过滤材料,以确保没有任何碎屑能够通过。

1 通常使用双层蒸锅熔蜡,或利用水浴锅"水浴"熔蜡:将盛放蜂蜡的不锈钢罐置于盛有沸水的锅里,并用三脚架将其支起来。

2 用厚橡皮筋将细棉布或其他过滤材料固定在食品罐的一端,防止过滤材料在过滤过程中脱落。准备用另外一个不锈钢罐接收过滤后的蜂蜡。

3 蜂蜡熔化后,将食品罐置于第二个不锈钢罐上方,小心地将蜂蜡倒在细棉布上,蜂蜡经过过滤流入不锈钢罐中。

蜜盖蜡过滤

蜜盖蜡通常用于化妆品的制造。因为蜜盖蜡的颜色通常是最浅的,所以要分开处理。太阳能熔蜡器或锅炉都非常适合用于回收蜜盖蜡。如果处理少量的蜜盖蜡,你可能更乐意在厨房里加工。

蜜盖蜡的过滤有两种方法:

1 在装有软水的平底锅里将蜜盖蜡熔化,然后使其冷却、凝固。

2 用电烤炉将不锈钢蒸锅加热到70℃。将软水倒进蒸锅,并将收集的蜜盖蜡放在过滤布上后,一同置于不锈钢蒸锅上层。蜜盖蜡受热后会熔化并滴落到软水里,冷却后凝固。

蜂蜡收集过程中的注意事项

首先要确保安全。在收集蜂蜡时,最重要的是先做好计划,规划好你的工作区域,确保你的工作区域整洁和安全,避免影响实际操作。

蜂蜡是易燃物,其燃点为204℃。在操作过程中一定要注意这一点,为了避免意外,最好准备一条消防毯。

避免在操作过程中使用明火,确保整个熔蜡过程中,有人在旁边看管。

不要对蜂蜡直接加热:可以使用双层蒸锅或水浴锅对蜂蜡加热,使其熔化。

蜂蜡的熔化温度为62~64℃,温度最好不要高于85℃,否则会导致蜂蜡褪色。蜂蜡操作时的温度最好接近蜂蜡的熔化温度,最适温度为66~73℃。

熔蜡过程中最好使用软水,而不是自来水,这是因为自来水中的碱性物质会与蜂蜡发生反应,导致蜂蜡颜色变深,而蒸馏水或雨水等软水则不会导致蜂蜡颜色发生变化。

工具和材料

• 蜜盖蜡,清洗干净后晾干备用 • 软水 • 深平底锅或者不锈钢蒸锅 • 细棉布、软抹布或其他过滤材料 • 电烤炉

蜡烛的制作

蜂蜡蜡烛的制作体现了蜂农利用蜂产品制备生活用品的精湛手艺。蜂蜡蜡烛可常年制备。好的蜂蜡蜡烛燃烧产物干净，无滴落物，可发出美丽的烛光，是其他蜡烛无法比拟的。蜂蜡收集过程中的注意事项见第177页。

卷制的蜂蜡蜡烛

卷制的蜂蜡蜡烛制作简单，不需特殊设备，只需购买的或自制的巢础即可。制成的蜡烛保持着蜂蜡的自然美，还可加入其他颜料或简单装饰来点缀，使之成为一件独特的工艺品。由于蜂箱大小各异，因此巢础也是大小不一的，且颜色也有所不同，这些因素都影响着蜂蜡的质量。

关于蜂蜡和蜡烛芯

无论制作何种蜂蜡蜡烛，选择干净的蜂蜡和合适的蜡烛芯至关重要。

脏蜂蜡不美观，燃烧时会发出响声并产生烟雾。

太粗的蜡烛芯在燃烧时会产生滴落物和烟雾。

太细的蜡烛芯在燃烧过程中会滑落在熔化的蜂蜡液中。

蜡烛芯应比同等大小的石蜡蜡烛的粗。为避免混淆，最好从养蜂供应商那里购买蜡烛芯，他们知道制作蜂蜡蜡烛所需的蜡烛芯的尺寸。

锥形蜂蜡蜡烛的蜡烛芯尺寸可根据蜡烛中心部分的粗细来确定。

给蜡烛芯末端上蜡可使蜡烛更易点燃。可将蜡烛芯末端浸入蜡油中来上蜡。

工具和材料

- 无金属丝嵌入的巢础，原色或其他颜色均可（可用吹风机或热水瓶加热巢础使其软化）• 蜡烛芯，大小与蜡烛中心部分匹配 • 装饰别针（可选）
- 直尺 • 美工刀

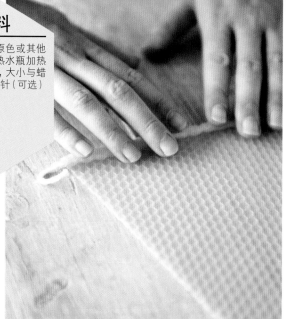

1 首先沿对角线剪下半张巢础，平放于桌面。将蜡烛芯放在最短边上，小心地卷巢础边使其能裹住蜡烛芯。

2 双手力量均匀地继续卷巢础，确保成型的蜡烛底部平整。

3 通常卷巢础所用的力量足以使蜡烛末端封口，但也可根据个人喜好用一个装饰别针固定。

装饰小窍门

尝试制作蜂蜡蜡烛时，卷制蜡烛是最佳方式之一。以下是蜡烛装饰小窍门：

对于圆柱形蜡烛，取整张巢础，沿着短边卷可得到短而粗的蜡烛，沿着长边卷可得到细长型蜡烛。若希望蜡烛更粗些，可再卷入一张巢础。

双色螺旋蜡烛可用两张沿对角线剪下的颜色不同的巢础来制作。将两张巢础稍微错开摆放后再一起卷。

选用两张色彩对比度大的巢础一起卷，在最后一层蜂蜡末端剪出剪口，露出下面一张巢础的颜色。

蜂蜡表面挖空的设计可应用于双色蜡烛和各种形状的蜡烛。

在长螺旋蜡烛的边缘使用闪光小饰物装饰。

模制蜡烛

如果手头只有少量蜂蜡或者没有时间制作浸渍蜡烛,可尝试制作形状各异的模制蜡烛,既立体又美观。蜡烛模具形状多种多样,从新奇小精灵到自由女神像,再到整副的国际象棋,应有尽有。只需要50克蜂蜡即可制成25厘米高的餐桌蜡烛。

工具和材料

- 水浴锅或双层蒸锅(见第176页 "蜂蜡过滤") • 过滤后的蜂蜡 • 蜡烛芯,大小与蜡烛中心部分匹配 • 硅胶模具 • 橡皮筋 • 硬纸板(可选,衬于橡皮筋内以减小勒痕) • 烛芯针 • 火柴或牙签

1 将蜂蜡放入一个小罐子中,水浴加热使其熔化,或放入双层蒸锅中加热熔化(见第176页)。将蜡烛芯末端浸入熔化的蜂蜡中使其带蜡。

2 用橡皮筋扎牢模具,但不可过紧,以免在制成的蜡烛表面留下勒痕。

3 用烛芯针使蜡烛芯穿过模具底部缝隙。若模具底部有凹槽,将蜡烛末端置于凹槽处。

4 稍稍拉紧蜡烛芯,在其中间横向插入一根烛芯针。将烛芯针横放于模具表面两侧的火柴上,以拉起蜡烛芯。

模具类型

模具有多种材质：金属、玻璃、塑料、乳胶、硅胶等。不论选择哪种模具都应确保模具具有成型性。乳胶模具有弹性，易弯曲，必须支撑使其保持形状。硅胶模具制作的蜡烛成型性好，其底部的凹槽便于插入蜡烛芯，使宽大型的蜡烛形态稳定，但细长型蜡烛仍需要一定的支撑物。玻璃杯或盖子打洞的塑料容器都是乳胶模具和细长、不稳定的硅胶模具的良好支撑物。

5 往模具中注入熔化的蜂蜡。蜂蜡凝固后会收缩，在模具内形成空腔，需要再次注满蜂蜡。充分冷却后脱模，修剪蜡烛芯。

浸渍蜡烛

浸渍蜡烛的制作需要投入较多精力，需要准备一个"蜡烛浸渍装置"，同时要准备大量的蜂蜡，因为浸渍容器需要定期补足蜂蜡。制作过程中要求手稳，有耐心。制成的蜡烛简约而优雅，制作过程的艰辛很是值得。

工具和材料

- 水浴锅或双层蒸锅，用于熔化蜂蜡（见第176页"蜂蜡过滤"）• 过滤后的蜂蜡 • 蜡烛芯，准备2倍蜡烛长度外加5~8厘米的蜡烛芯，便于蜡烛的悬挂 • 长柄深平底锅 • 金属浸渍管，深度应大于平底锅 • 悬挂蜡烛的地方

蜡烛浸渍小贴士

蜡烛需要浸渍多长时间？这取决于蜂蜡温度和周围环境。过快地提出蜡烛会使多余的蜂蜡回流到浸渍管中，在蜡烛表面形成波状纹。也不能在浸渍管中浸泡太久导致其熔化，使其越来越细，而非越来越粗，尤其是底部。

每次浸渍间隔多久？不一定。如果蜡烛过冷，下一层蜂蜡可能无法很好地附着，制成的蜡烛会由于蜂蜡层之间的空隙而外观不一致。如果每次浸渍的间隔太短，原来的蜂蜡层可能会不稳定，会往下流，并产生波状纹。

在蜡烛还很细、蜂蜡还很软时，可将蜡烛置于玻璃板间滚动，使其笔直。该做法可增加蜡烛的光滑度，但是要注意：如果蜂蜡太热，蜂蜡会损失，蜡烛会被损坏。

1 准备好"蜡烛浸渍装置"，在深平底锅里加入达浸渍管一半高度的水并加热。往浸渍管里灌注熔好的蜂蜡。

2 握住蜡烛芯中部，确保其两端不缠绕，将两端浸入蜂蜡中。提出蜡烛芯，让多余的蜂蜡自然流尽。

3 冷却后，紧拿蜡烛芯中部，拉扯蜡烛芯末端使其笔直。再次浸渍和拉扯蜡烛芯，反复多次直到得到笔直的蜡烛芯。

4 继续浸渍蜡烛，平稳地将其提出，悬挂使其冷却，直到获得所需的蜡烛。

为得到笔直的蜡烛，将蜡烛从浸渍管中
提出时一定要手稳。

简易蜂蜡雕刻品

蜂蜡的一个重要特性是在一定温度下具有一定的可塑性,使其适用于造模和手工雕刻。这部分内容将简单介绍用熔化的蜂蜡进行手工制作的入门技术。

工具和材料

- 水浴锅或双层蒸锅,用于熔化蜂蜡（见第176页"蜂蜡过滤"） ● 过滤后的蜂蜡 ● 造型美观的叶子 ● 碗 ● 细线 ● 小美工刀

蜡衣叶子

1 将叶子浸入熔化的蜂蜡中,重复一两次,冷却。

2 蜡衣叶子可用细线扎成花环;或逐一粘贴,用于装饰蜡烛。

蜂蜡树叶

1 将叶子浸入冷水中,随后浸入熔化的蜂蜡中。拿出冷却,使蜂蜡凝固但仍具有一定柔性,随后将上、下叶面的蜡层撕下。

2 大部分蜡层都较易撕下,若有困难,可用小美工刀辅助。蜂蜡树叶在一定温度下柔软光滑,装饰在蜂蜡蜡烛上可增加蜡烛的美观度。

天然抛光蜂蜡的制作

天然抛光蜂蜡成分单一,制作方法简单。自然芳香较难获得,但若需要香味,尤其针对膏状抛光蜡,可选用薰衣草精油增添芳香。

家具抛光蜂蜡膏

家具抛光蜂蜡膏由蜂蜡和溶剂制成,配方比例灵活,溶剂量少则蜂蜡膏硬度大。通常选择纯松节油作为溶剂,也可用石油溶剂代替。

1 在水浴锅或双层蒸锅中将过滤后的蜂蜡熔化,随后移离热源。

2 将溶剂倒入蜂蜡中并充分搅拌。混合物的余温需确保蜂蜡维持液态;若蜂蜡凝固,则再次加热使其充分熔化。

3 将混合物倒入事先准备好的容器内,冷却并使其充分凝固,密封保存。

改良配方

棕榈蜡

棕榈蜡源自南美棕榈树,仅需加入少量即可制成高品质硬质抛光蜡。只需在上述配方中添加30克棕榈蜡,与蜂蜡一起熔化即可。

家具抛光蜂蜡霜

制备家具抛光蜂蜡霜需准备如下材料:

- 60克纯皂片
- 300毫升温水,可选用干净雨水或蒸馏水
- 115克碎蜂蜡
- 600毫升松节油

在平底锅中用温水加热溶解皂片。将碎蜂蜡和松节油放入另一口平底锅中,小火加热至蜂蜡熔化并搅拌均匀。将肥皂水倒入蜂蜡松节油混合液中,该过程应确保所有成分温度基本相同。用木棍或搅拌器充分搅拌混合物,冷却过程中,混合物将逐渐乳化形成乳状液。混合均匀后将蜂蜡霜倒入罐中。

蜂箱中的宝物

由花蜜转化而成的金黄色蜂蜜被古人认为是大自然赐予的天然宝物。美容界认为在面霜和乳液中添加蜂蜜和蜂蜡具有重要价值,而蜂胶则多用于传统方剂,如酊剂、药酒。

蜂蜜

蜂蜜作为甜味剂的使用可追溯到古埃及时期,当时蜂蜜还被用作祭神供品和货币。美容界也早已意识到蜂蜜的宝贵,将其单独作为面膜使用,也可在沐浴产品中加入蜂蜜以滋养和柔润肌肤,还可在补品中加入蜂蜜使头发滋润、富有光泽。科研界则一直致力于研究蜂蜜的防腐和抗菌疗效。

什么是蜂疗?

蜂疗是将蜂产品用于疾病治疗的一种疗法,蜂产品包括蜂蜜、蜂蜡、蜂胶、花粉和蜂王浆,可有效改善机体状况。用天然药物治疗疾病的方法至今仍广为流传,如1匙蜂蜜治喉痛、花粉补充剂治枯草热等。然而,这些天然药物不能成为通用药物的替代物,只能辅助改善健康状况。使用前或症状未改善时应咨询医生,孕妇慎用。

能量来源
蜂蜜是良好的碳水化合物来源,含有单糖、微量维生素和矿物质。蜂蜜的颜色、黏稠度、气味各不相同,主要取决于蜜蜂所采集的花蜜的种类。

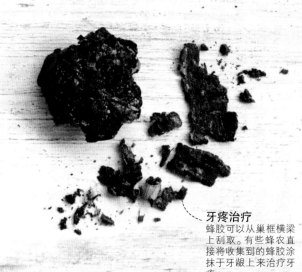

牙疼治疗
蜂胶可以从巢框横梁上刮取。有些蜂农直接将收集到的蜂胶涂抹于牙龈上来治疗牙疼。

蜂胶

蜂胶是一种具有黏性的树脂状物质,源自植物幼芽和树干破损处的树脂。在蜂箱中,蜂胶主要用于填补缝隙,使子脾坚固,对无法去除的侵入者的尸体进行防腐,防止霉菌和细菌产生。

蜂胶具有抗细菌和抗真菌作用,一直被用于牙疼、疮疡和溃疡的传统治疗。开发蜂胶潜在医疗价值的临床试验仍在进行中。

蜂蜡

中世纪,蜂蜡作为蜡烛制作材料得到广泛使用,同时还被用于信件的密封。至今,蜂蜡仍具有广泛用途,如给家具抛光、制作奶酪保护涂层。蜂蜡被视为面霜、药膏和乳液的优质天然乳化剂。同时蜂蜡具有深层滋养皮肤的作用,可使皮肤柔软光滑。

造模基质
在艺术和工艺领域,蜂蜡仍是一种常用的造模基质,可制作蜂蜡模型和装饰性雕刻模具。

蜂毒能有效对抗病毒吗?

⚠ 蜂毒可以以最小的剂量作用于人体特定的信号通路,发挥最大的功效。蜂毒的主要成分是蜂毒肽,科学家通过对蜂毒肽的改进,使其只针对病毒发挥作用,而其他正常细胞不受损害。因此,蜂毒肽对多种疾病如艾滋病、乙肝和丙肝等具有潜在的疗效。类似的利用蜂毒肽治疗癌症和神经系统疾病的研究仍在进行。

材料

制作1杯

1块(约2.5厘米长)生姜; 3枚丁香花蕾; 半茶匙姜黄粉或1茶匙现磨的姜黄根; 4汤匙苹果醋; 1汤匙蜂蜜; 柠檬片(可选); 60毫升水

感冒蜂蜜汤饮

蜂蜜和苹果醋混合汤饮是一种治疗感冒和咽喉痛的传统药剂。该配方中香料的加入也使其成为一种非常美味的热饮。

制作方法

1 将生姜去皮磨碎，利用茶匙边缘给生姜去皮是最简单的方法。将生姜和其他材料（除蜂蜜外）放入一口小平底锅中，煮沸后改用文火慢炖10分钟。

2 将平底锅移离热源，倒入蜂蜜搅拌，直至蜂蜜完全溶解。将汤汁滤入杯中，趁热饮用。也可根据喜好加入1片柠檬，补充维生素C。一天喝三四次便可缓解感冒症状。

改进配方: 治疗发热的配方

如果你正在发热，可利用薄荷的天然功效来帮助降温。将20克新鲜薄荷叶、100克蜂蜜和半个柠檬榨的汁放入搅拌机或食品加工机中做成酱。取适量该酱代替蜂蜜加入上述热饮中，加不加其他香料均可。该酱可冷藏存放1~2周，还可作为其他花草茶或夏日鸡尾酒的甜料。

工具和材料

制作40~50片

1块（约5厘米长）生姜；4~5枚丁香花蕾；150克蜂蜜；200克白砂糖；200毫升水

造模：

250克玉米淀粉；250克糖粉

特殊工具：

烹饪温度计

蜂蜜生姜止咳糖片

蜂蜜生姜止咳糖片是根据几个世纪以来用于止咳和治喉痛的配方配制而成的硬糖。

制作方法

1 将生姜去皮磨碎。在小平底锅中放入生姜、丁香花蕾和水，煮沸后改用文火慢炖5分钟。将锅移离热源，使其冷却。

2 用玉米淀粉和糖粉混合物造模。将玉米淀粉和糖粉均匀地铺在烤盘或塑料浅盘中，每隔一定距离用一个圆形小物体（可选用半茶匙量勺）按压粉层，形成圆形模孔。制作40~50个模孔，必要时可分成多盘。

3 将生姜丁香水过滤。用勺子按压生姜以获得尽可能多的生姜汁。取100毫升过滤液倒入厚底平底锅，再加入蜂蜜和白砂糖。由于在加热过程中混合液会膨胀，因此必须选用一口大平底锅。

4 缓慢加热混合物至煮沸，其间搅拌使糖和蜂蜜完全溶解。保持沸腾状态，偶尔用木勺搅拌，直至混合物达150℃。将平底锅移离热源，用汤匙或长柄勺取适量混合液注入模孔中。若混合液变硬，可用小火加热片刻。

5 使糖片冷却，用筛网筛掉糖片外面的玉米淀粉和糖粉。制得的止咳糖片可在密封容器中保存1个月。

蜂蜜除了抗菌特性，其黏性也具有一定的缓解病情的作用。

大蒜止咳膏

大蒜止咳膏是一剂能够缓解支气管炎和咳嗽症状的传统辛辣良药。擦拭之后应换上旧T恤，以免弄脏衣物。

材料

制作2小罐

2~3瓣大蒜；150毫升橄榄油；15克碎蜂蜡；3~4滴桉叶油（可选）

制作方法

1 将大蒜去皮切碎，放入加了油的平底锅中，小火加热30分钟，避免煮沸。冷却，用滤网滤除大蒜。

2 将蜂蜡和上一步所得的过滤液放入耐热玻璃容器，置于水微沸的平底锅中，加热并不时搅拌，直至蜂蜡熔化。

3 将玻璃容器移离热源，使混合物稍冷却，搅拌加入桉叶油（若选用）。装入无菌罐子中，冷却后密封。可在冰箱中保存2周。

蜂蜡蒸气膏

以蜂蜡和橄榄油为基质的罗文沙叶油、桃金娘油和乳香油蒸气有助于缓解头闷、鼻塞。

材料

制作2小罐

25克蜂蜡；120毫升橄榄油；8滴罗文沙叶油；7滴桃金娘油；5滴乳香油

制作方法

1 将蜂蜡放入装有橄榄油的耐热玻璃容器中，置于水微沸的平底锅中加热至蜂蜡熔化。

2 将玻璃容器移离热源，在混合液凝固前迅速搅拌加入油类成分。倒入一个无菌玻璃小罐中，冷却若干小时，密封。3个月内使用。使用时，在热水中加入若干茶匙蒸气膏，通过蒸气吸入法吸入。

工具和材料

制作约20克

20克玉米淀粉;1毫升（20滴）蜂胶酊;5滴薰衣草油;5滴茶树油

特殊工具:

喷雾瓶

材料

制作2小罐

25克蜂蜡;12毫升葡萄籽油;2汤匙荷荷巴油;半茶匙茶树油;半茶匙柠檬油

蜂胶粉

蜂胶粉是一款不含滑石粉的带清香的清洁粉末,在剧烈活动前后使用,可有效预防皮肤发炎。

制作方法

1 通过筛网过筛,获得质地均匀的玉米淀粉。将蜂胶酊和两种油混合,注入干净的喷雾瓶中。

2 将蜂胶酊和两种油的混合物均匀喷洒于玉米淀粉表面,注意避免局部过量而形成结块。自然晾干粉末,保存于干净的爽身粉罐中。在6个月内使用。

蜂蜡祛痘膏

使用具有抗炎作用的蜂蜡、葡萄籽油、具有收敛作用的柠檬油和茶树油,可制成一款不油腻的祛痘软膏。

制作方法

1 在耐热容器中放入蜂蜡、葡萄籽油和荷荷巴油,置于水微沸的平底锅中加热至蜂蜡熔化。将耐热容器移离热源,稍冷却,搅拌加入茶树油和柠檬油。

2 倒入无菌小罐中,充分冷却,密封。使用时,根据需要在长痘处涂抹少量软膏,避免接触嘴和眼睛。可保存6个月。

改良配方: 防蚊剂和护足膏

用1茶匙香茅油代替原配方中的茶树油和柠檬油,成品可用于驱蚊。用1茶匙薄荷油代替茶树油和柠檬油,成品可缓解足部疲劳。

蜜蜂分泌的蜂胶来源于树脂。蜂胶的抗菌特性使其能够抑制蜂箱内细菌的滋生。

工具和材料

制作约12剂膏药

100克苏格兰帽椒或其他辣椒,切碎;200毫升橄榄油;80克蜂蜡;2汤匙黄芥末粉

特殊工具和材料:

棉布;棉绒垫;防油纸;黏性伤口敷料或医用胶带

蜂蜡芥末膏药

将具有抗炎作用的蜂蜡和黄芥末粉、辣椒油混合可制成能缓解肌肉和关节酸痛的膏药。

制作方法

1 将切好的辣椒碎和橄榄油放入一口小平底锅中,文火加热30分钟。停止加热,放若干小时。在滤网上铺一层棉布,过滤。

2 将100毫升过滤的辣椒油倒入耐热容器(其余辣椒油用于辣椒肌肉止痛膏的制作,见下文)。在容器中加入蜂蜡,放入水微沸的平底锅中加热,直至蜂蜡熔化后将耐热容器移离热源,搅拌加入黄芥末粉。

3 用钳子将棉绒垫浸入上一步所得的混合物中,逐一浸渍,直至饱和。将浸渍好的棉绒垫置于防油纸上,使其定型。制得的膏药用防油纸隔开,保存于密封容器中,放入冰箱可保存12个月。

使用方法

根据自身情况;在疼痛部位敷1片以上的棉绒垫,用黏性伤口敷料或医用胶带固定。使疼痛部位保持温暖,持续45分钟,撤去膏药,洗净皮肤上的敷料残渣。如有不适或皮肤发红,应立即撤除膏药。

改良配方: 辣椒肌肉止痛膏

在耐热容器中加入60毫升辣椒油、100毫升葡萄籽油和15克蜂蜡(若要求成品质地更坚硬,可适当增加蜂蜡用量),置于水微沸的平底锅中加热至蜂蜡熔化。稍冷却,搅拌加入1~2汤匙辣椒碎和半茶匙桉叶油。将耐热容器浸入冷水中,连续搅拌材料直至形成膏状。使用时,将药膏涂抹于肌肉疼痛部位,按摩2~3分钟,必要时可增加涂抹次数。避免接触面部和眼睛,擦去多余药膏,使用后洗净双手。药膏可保存6个月。

如果没有苏格兰帽椒,可用墨西哥夏宾奴辣椒(habanero)或鸟眼辣椒(bird's eye)代替,三者辣度相近。

蜂蜡护足膏

蜂蜡护足膏是由蜂蜜和蜂蜡添加没药油、乳香油和摩洛哥坚果油制成的传统药膏,可滋润干燥皲裂的脚后跟。

材料

制作1小罐

25克蜂蜡;120毫升摩洛哥坚果油;3茶匙蜂蜜;7滴没药油;5滴乳香油

制作方法

1 将蜂蜡和摩洛哥坚果油放入耐热容器中,置于水微沸的平底锅中加热至蜂蜡熔化。加入蜂蜜,搅拌均匀。将耐热容器移离热源,在混合物凝固前迅速搅拌加入其他油类成分。

2 将混合物倒入一个无菌小罐子中,冷却若干小时。使用时,将护足膏均匀涂抹于足部并打圈按摩。为达到更好的滋润效果,可用保鲜膜裹住足部,穿上厚袜子过夜。在3个月内使用。

蜂蜡跌打损伤膏

山金车花是菊科山金车属植物,几个世纪以来一直用于治疗跌打损伤。蜂蜡跌打损伤膏是一种传统药膏,被誉为治疗跌打损伤的"魔法药膏"。

材料

制作1小罐

10克干山金车花;200毫升杏仁油或橄榄油;15克蜂蜡

制作方法

1 将山金车花放入带盖的罐子中,加入杏仁油或橄榄油,置于温暖处(如阳台)2~3周。用滤网过滤,尽可能多地压榨出油。

2 量取150毫升过滤好的油,和蜂蜡一起放入耐热容器中,置于水微沸的平底锅中加热至蜂蜡熔化。将混合物倒入无菌罐中,冷却使其凝固。使用时将药膏轻抹于损伤处的皮肤表面。

若无过滤后的蜂蜡,可用巢础替代。

工具和材料

制作400毫升

5克金盏花花瓣；100毫升橄榄油；10克碎蜂蜡；18克乳化蜡；由2个洋甘菊茶包和适量水制成的250毫升洋甘菊茶；1汤匙蜂蜜

特殊工具：

电动搅拌机（可选）

蜂蜜晒后修复乳

几百年来, 蜂蜜一直用于治疗烧伤, 加上具有缓和症状作用的金盏花和洋甘菊茶, 可制成用于治疗轻度晒伤和烧伤的修复乳。

制作方法

1 在深平底锅中加入金盏花花瓣, 表面浇上橄榄油。小火加热(不可煮沸)约15分钟。冷却1小时以上。

2 过滤上一步制得的混合物, 尽可能多地压榨出金盏花花瓣中的油。取80毫升过滤后的油, 若不足, 可适当加点橄榄油补足。

3 将油和其他材料放入耐热容器内, 置于水微沸的平底锅中, 加热并用力搅拌。不断搅拌, 如有需要, 可适当升高加热温度, 直至蜂蜡熔化且材料混合均匀。

4 将耐热容器移离热源, 继续轻微搅拌2~3分钟, 避免产生气泡。冷却并不定期搅拌。当混合物冷却变稠后, 倒入无菌罐子中。使用时, 取适量乳液轻轻涂抹于受伤皮肤处, 不可用于破损皮肤上。若不是用于治疗烧伤, 或者症状未改善, 请咨询医生。蜂蜜晒后修复乳可在冰箱中存放14天。

改良配方: 芦荟凝胶

若有芦荟, 可取两三片芦荟叶, 刮取芦荟凝胶, 加入制得的蜂蜜晒后修复乳中, 可增强清凉镇静效果。

材料

制作2小盒

10克蜂蜡；3汤匙橄榄油；1茶匙蜂蜜；5滴薄荷油

蜂蜜薄荷润唇膏

这款蜂蜜薄荷润唇膏以蜂蜡和橄榄油为基质,富含可滋养皮肤的蜂蜜和清新的薄荷油,可滋润干燥开裂的嘴唇。

制作方法

1 将盛有蜂蜡和橄榄油的耐热容器置于水微沸的平底锅中,小火加热至蜂蜡熔化,立刻搅拌加入蜂蜜。

2 将耐热容器移离热源,加入薄荷油。将混合物用汤匙装进无菌的小盒子中,使之冷却。使用时,根据需要,用指尖取适量润唇膏涂抹于唇部。在3个月内使用。

材料

制作单次的用量

根据个人喜好准备2茶匙精制燕麦或粗燕麦；4~5茶匙蜂蜜；1滴葡萄柚油；1滴香叶油

蜂蜜燕麦磨砂膏

蜂蜜燕麦磨砂膏是一款取材于常见食物的面部磨砂膏，材料中的燕麦和蜂蜜可去除皮肤的老化角质，添加的油可增加皮肤光泽。

制作方法

1 在小碗中加入燕麦和蜂蜜，混合使之成为糊状。

2 在糊状物中加入两种油混合。使用时，用指尖取适量磨砂膏，在面部轻柔地按摩打圈，停2~3分钟，用温润的棉绒布擦净。

材料

制作单次的用量

2茶匙白色高岭土；4~5茶匙蜂蜜；1滴薄荷油；1滴薰衣草油

蜂蜜白土面膜

蜂蜜和高岭土搭配薄荷油和薰衣草油可制得深层清洁面膜。

制作方法

1 在小碗中加入高岭土和蜂蜜，混合使之成为膏状。加入两种油，搅拌均匀。

2 使用时，在面部均匀涂布薄薄的一层面膜，在前额、鼻子、下巴等部位应着重涂抹。避免接触眼睛。涂在脸上5分钟后用温润的棉绒布擦净。

蜂蜜具有缓解病情和抗菌作用，能轻微地去除角质和皮肤上的杂质。

材料

制作1瓶

250毫升蒸馏水或矿泉水；2个绿茶包；1茶匙蜂蜜；50毫升苹果醋；5滴薰衣草油

蜂蜜爽肤水

蜂蜜的保湿和抗氧化作用可延缓皮肤衰老，使肌肤光滑。蜂蜜爽肤水可使皮肤重放光彩。

制作方法

1 用开水冲泡绿茶包，搅拌，浸泡10分钟，弃去茶包。

2 在茶水温热之际加入蜂蜜，搅拌使其溶解。加入其余材料，过滤，倒入无菌瓶中。

3 使用时，在洁面之后，用爽肤水浸泡化妆棉，随后将其擦拭于皮肤表面。还可将爽肤水装入喷雾瓶中使用。避免爽肤水直接接触眼睛。每周配制新鲜的爽肤水使用效果最佳。

工具和材料

制作1小罐

10克蜂蜡；3汤匙橄榄油；3汤匙蒸馏水；4滴罗马洋甘菊油；3滴香叶油；3滴薰衣草油

特殊工具：

电动搅拌机（可选）

蜂蜡护手霜

蜂蜡护手霜主要由蜂蜡、橄榄油和蒸馏水配制而成，可保护和滋润手部肌肤，甚至对繁忙的园丁和蜂农的手部都能起到良好的保护作用。

制作方法

1 将盛有橄榄油的耐热容器置于水微沸的平底锅中，在耐热容器中加入蜂蜡，使其缓慢熔化。

2 蜂蜡熔化后，将耐热容器移离热源，逐滴加入蒸馏水，每加入1滴蒸馏水都手动搅匀或用电动搅拌机搅匀。

3 加入各种油，在混合液凝固之前快速搅拌均匀。用勺子将混合物装入无菌罐子内，使其冷却。每次外出前取少许擦拭于手部。每次洗手后用其涂抹。在1个月内使用。

蜂蜡亮彩日霜

受古罗马医师盖仑（Galen）开发的冷霜的启发，蜂蜡亮彩日霜易于涂抹，使皮肤有凉爽和紧致之感。

工具和材料

制作1小罐

10克蜂蜡；3汤匙橄榄油；3汤匙蒸馏水；4滴桃金娘油；3滴薰衣草油；3滴香叶油

特殊工具：

电动搅拌机（可选）

制作方法

1 将盛有橄榄油的耐热容器置于水微沸的平底锅中，在耐热容器中加入蜂蜡，使其缓慢熔化。

2 蜂蜡熔化后，将耐热容器移离热源，逐滴加入蒸馏水，每加入1滴蒸馏水都手动搅匀或用电动搅拌机搅匀。

3 加入各种油，在混合液凝固之前快速搅拌均匀。用勺子将混合物装入无菌罐子内，使其冷却，在1个月内使用。该日霜不可作为防晒霜使用，若要在强光下进行户外活动，应事先涂抹蜂蜡亮彩日霜，待皮肤充分吸收后，再涂抹防晒霜。

蜂蜡焕新晚霜

这款富含乳香油和玫瑰油的晚霜可在晚间为肌肤补充水分，使肌肤柔滑水润。

工具和材料

制作1小罐

10克蜂蜡；3汤匙橄榄油；3汤匙蒸馏水；6滴乳香油；4滴玫瑰油

特殊工具：

电动搅拌机（可选）

制作方法

1 将盛有橄榄油的耐热容器置于水微沸的平底锅中，在耐热容器中加入蜂蜡，使其缓慢熔化。

2 蜂蜡熔化后，将耐热容器移离热源，逐滴加入蒸馏水，每加入1滴蒸馏水都手动搅匀或用电动搅拌机搅匀。

3 加入各种油，在混合液凝固之前快速搅拌均匀。用勺子将混合物装入无菌罐子内，使其冷却。

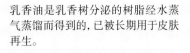

乳香油是乳香树分泌的树脂经水蒸气蒸馏而得到的，已被长期用于皮肤再生。

材料

制作1大瓶

200毫升轻质橄榄油; 250毫升婴儿沐浴露; 100克蜂蜜; 1茶匙薰衣草油或其他精油; 1个鸡蛋分量的蛋白（可选）

蜂蜜泡泡浴液

沐浴在温暖而充满香味的泡泡中,蜂蜜能够促进人体对养分的吸收并保持肌肤水润。蛋白虽为非必需成分,但它的加入可使你拥有更大、存在时间更长的泡泡。

制作方法

1 在大碗中将橄榄油和婴儿沐浴露混匀,加入蜂蜜,搅拌使其溶解,然后加入薰衣草油或其他精油。

2 若要加入蛋白,则稍微搅动蛋白直至发泡,过滤,加入上一步制得的混合液中。

3 将混合液倒入无菌瓶中。使用前请摇匀(混合液会分层,但看起来非常美丽!),打开水龙头,倒入1~2杯泡泡浴液。请在6个月内使用制作好的泡泡浴液;若加入了蛋白,则必须在3周内使用。

工具和材料

制作1千克香皂

330克椰子油；330克玉米油；250克橄榄油；50克乳木果油；40克蜂蜡

氢氧化钠溶液:

380克蒸馏水或去离子水；140克氢氧化钠

添加剂:

50克蜂蜜；3~4茶匙薰衣草油；2~3汤匙薰衣草鲜花（可选）

特殊工具:

塑料手套；护目镜；1.7升木制或塑料模具（塑料食品容器成型性好且不需内衬，木制模具则需放置防油纸或保鲜膜）；烹饪温度计；塑料杯子或一次性杯子（用于称取氢氧化钠）；手持电动搅拌机（可选）；毛巾或毛毡；保鲜膜；厨房纸

蜂蜜薰衣草香皂

通过传统冷制法制得的香皂滋养成分丰富且充分利用了蜂蜜保湿效果佳的优点。需要注意的是，该配方中氢氧化钠溶液的用量不可随意改变。

制作方法

1 在不锈钢平底锅中文火加热油脂成分（薰衣草油除外）至蜂蜡完全熔化。注意避免高温加热。

2 在通风良好的地方，戴好手套和护目镜，在水壶中加入水，再加入氢氧化钠（加入顺序不能颠倒），搅拌使其溶解。注意：氢氧化钠溶液若溅到皮肤上，应先用大量水冲洗，再用醋冲洗。

3 使步骤1的油脂成分和氢氧化钠溶液冷却至60℃左右，搅拌可加快冷却速度。若油脂成分开始凝固，可用小火再加热。若氢氧化钠溶液温度太低，可将水壶放入热水中加热。戴好手套和护目镜，小心翼翼地将氢氧化钠溶液加入油脂成分中。

4 搅拌混合液直到呈"细丝"状态——混合液达到一定黏稠度，将其从茶匙中倾倒下来时，可拉出一条细丝。该状态可能会立即达成，也可能需要耗时30分钟以上。可使用手持电动搅拌机来加快这一进程。

5 同时，文火加热蜂蜜，当混合液达到"细丝"状态时，将蜂蜜加入混合液中，并加入薰衣草油。若选用薰衣草鲜花，在加入蜂蜜和薰衣草油之前，加入2~3汤匙鲜花。由于添加物会促使混合液凝固，因此应将其迅速搅拌均匀。

6 快速将混合液注入模具，封上保鲜膜并用毛巾包裹，在水平桌面上放置24小时使其凝固。由于香皂内会发生化学反应，因此会继续发热。清洗工具时应小心并戴好手套，因为混合液仍有腐蚀性。可以将平底锅放置过夜，次日在清洗前先刮除凝固的香皂残渣。

7 戴上手套，将香皂脱模并切成块，置于通风处，用厨房纸遮盖，放置至少4周后可得到优质手工皂。

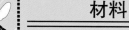

材料

制作单次的用量

200毫升蒸馏水或去离子水；1茶匙蜂蜜；2茶匙苹果醋

黑发：

3~4枝迷迭香枝叶

金发：

3~4枝新鲜洋甘菊枝叶或1个洋甘菊茶包

头皮发痒或头发受损：

1个绿茶包

工具和材料

制作5根30克的润肤棒

75克蜂蜡；50克可可油；75毫升甜杏仁油或杏仁油

特殊工具：

模具：首选肥皂或小蛋糕硅胶模具（若使用硬塑料或玻璃容器，在容器内壁涂抹少许清洗液以便于取出润肤棒）

蜂蜜护发素

每周使用一次蜂蜜护发素有助于滋养和保护头发。蜂蜜作为保湿剂能令头发滋润、有光泽，苹果醋则可去除头皮上的堆积物，减少头发卷曲。

制作方法

1 用擀面杖压出迷迭香枝叶或新鲜洋甘菊枝叶中的油和芳香成分。

2 将迷迭香渣、洋甘菊渣（或洋甘菊茶包）或绿茶包放入水壶或碗中，倒入开水。

3 加入蜂蜜，搅拌使其溶解。冷却后加入苹果醋。在洗发后将蜂蜜护发素均匀涂抹在头发上，随后冲洗干净。每次使用前现做可达到最佳效果；也可事先做好，储存于密封容器中，置于阴凉处，2周内使用。

蜂蜡润肤棒

作为成分最简单的蜂蜡产品之一，蜂蜡润肤棒带有淡淡的巧克力香味，可滋润足部和肘部的干燥肌肤，还可代替身体乳在沐浴后使用，使皮肤柔润光滑。

制作方法

1 将所有材料放入耐热的碗中，置于水微沸的平底锅中加热至蜂蜡熔化，倒入模具中。

2 充分冷却。通常蜂蜡润肤棒较易从硅胶模具中取出，但不易从玻璃和硬塑料模具中取出。从模具中取出蜂蜡润肤棒的最简便方法是将模具放入冷水中，蜂蜡润肤棒会自动浮出。制成的蜂蜡润肤棒用保鲜膜包裹，可存放12个月以上。

材料

制作1小罐

10克蜂蜡;20克可可油;90毫升橄榄油;3茶匙蜂蜜;10滴香叶油;10滴甜橙油

蜂蜜蜂蜡身体乳

自制的特级身体乳具有滋养肌肤的功效。材料中,蜂蜡和橄榄油具有柔润保湿作用,蜂蜜和可可油补水效果佳,可保持肌肤健康和年轻态。

制作方法

1 将盛有橄榄油的耐热容器置于水微沸的平底锅中,在耐热容器中放入蜂蜡和可可油,使蜂蜡缓慢熔化。搅拌加入蜂蜜。

2 将耐热容器移离热源,在材料凝固前快速搅拌加入香叶油和甜橙油。倒入无菌罐子中,冷却2~3小时,密封。

3 沐浴后,用毛巾擦干身体,将身体乳均匀涂抹于皮肤表面,足部和肘部等部位可适当增加用量。开封后,3个月内尽快使用完。

将过滤后的蜂蜡以小方块的形态储存,可用于制作多种蜂蜡产品。

作者简介

弗格斯·查德威克
关于蜜蜂的自然史

弗格斯·查德威克在英国达拉谟郡的乡间长大，从小就对大自然十分感兴趣。他童年大半时间都在追逐昆虫，13岁时在当地养蜂人约翰·西蒙的指导下开始养蜂。从那时起，他就喜欢上了蜜蜂。接下来他在牛津大学的萨默维尔学院学习生物科学，并进行了关于蜜蜂和烟碱类杀虫剂之间关系的研究（在生态学和水文学中心进行），这成为他毕业论文的基础。他最近的研究专注于杀虫剂对蜜蜂行为的影响。他大力倡导建立科学社区，并让更多的人有机会接受教育。

史蒂夫·艾尔顿
关于如何将蜜蜂吸引到花园

史蒂夫·艾尔顿是一位生态学家、植物学家和养蜂助手，负责照管亚士顿森林，这是一片位于英国苏塞克斯的欧石楠丛生的荒野，是小熊维尼的故乡。在此之前，他在英国皇家植物园邱园工作了13年，为千年种子库搜集种子，还是英国养蜂人协会会刊《蜂业》的副主编。他和妻子卡琳开办了一家公司，提供蜜蜂喜爱的野花的种子。

艾玛·莎拉·坦纳特
关于养蜂、蜂蜜和保健及美容类的蜂产品

艾玛·莎拉·坦纳特7年前在杂志上读到一篇关于养蜂为乐的文章，之后对蜜蜂产生了兴趣。她联系了当地的伊灵区养蜂人协会，注册学习了为期9周的入门课程，并参加了实际训练，然后得到了她的第一个蜂群，后来又和她的养蜂伙伴艾米丽·司格特共同打理了几个蜂群。她现在在伊灵的训练蜂房工作，并定期向初学者开放，提供实训课程。她还具有芳香理疗资格，在位于考文特花园的尼尔氏香氛庭园接受过培训。

比尔·菲茨莫里斯
关于蜂蜡的艺术

在过去的18年里，比尔·菲茨莫里斯在伦敦郊区的哈罗和伊灵区保有20多个蜂群。他主张尽量利用蜜蜂的出产物，比如蜂蜜和蜂蜡，并利用封盖、旧巢框和赘脾等收集尽量多的蜂蜡。

他经常参加当地的蜂蜜展览和国家蜂蜜展览。在最近几年，他的蜡烛工坊也很受欢迎。你可以在工坊里亲自动手制作多种蜡烛，包括浸渍蜡烛，这种蜡烛制作起来最有满足感。

朱迪·厄尔
关于保健及美容类的蜂产品

朱迪·厄尔是都市养蜂人，在过去的10年里在伦敦西北部养蜂。她喜欢花大量时间烹饪和制作物品，并且手边一直存有充足的蜂蜜和蜂蜡，这让她找到了不做家务的新借口。朱迪·厄尔经常参加当地的蜂蜜展览和国家蜂蜜展览，并且获得了参展蜂产品类的第一座吉尔·福斯特纪念奖杯。2014年，她卸任哈罗区养蜂人协会主席，之后，她把更多的时间花在了评价和展示蜂产品上。2014年，她在伦敦蜂蜜展览会上做了演讲。2015年，她在英国国家蜂蜜展览上开设了一个蜂产品工坊。

致谢

The publisher would like to thank Bill, Judy, and Emma for allowing us to photograph their beekeeping activities; Francesca and Steve for hand modelling; Collette and Sam for design assistance; Paul for his photography in delirium; Kenneth and Sheena for the trip to the bee auction; and the following organisations for their invaluable help in the making of this book:

Ealing and District
Beekeepers Association
ealingbees.wordpress.com

Harrow Beekeepers Association
www.harrowbeekeepers.co.uk

Paynes Southdown Bee Farms Ltd
www.paynesbeefarm.co.uk

Sussex Prairie Garden
www.sussexprairies.co.uk

West Sussex Beekeepers Association
www.westsussexbeekeepers.org.uk

PICTURE CREDITS

The publisher would like to thank the following for their kind permission to reproduce their photographs:
(Key: a-above; b-below/bottom; c-centre; f-far; l-left; r-right; t-top)
11 Dorling Kindersley: RHS Wisley (br).
14 Dorling Kindersley: Paul Dykes (tr).
18 Dorling Kindersley: Paul Dykes (bl).
19 Dorling Kindersley: Paul Dykes (cl).
20 Dorling Kindersley: Fergus Chadwick (tr).
22 Dorling Kindersley: Paul Dykes (bl). 74–75 Dorling Kindersley: RHS Hampton Court Flower Show (ct). 76 Dorling Kindersley: RHS Wisley (tl);

Paul Dykes (bl). 77 Dorling Kindersley: Ball Colegrave (tl); Paul Dykes (cr, bl). 78–85 Dorling Kindersley: Sussex Prairie Garden (all images). 87 Dorling Kindersley: Neil Fletcher (tl). 88 Dorling Kindersley: Merrist Wood Agricultural College, Worplesdon (br). 90 Dorling Kindersley: Downderry Nursery (tr); National Trust (Erdigg) (br). 91 Alamy: Dave Marsden (cr); Neil Fletcher (bl). 92 Dorling Kindersley: RHS Chelsea Flower Show 2014 (cr). 93 Dorling Kindersley: Lucy Claxton (bc); RHS Wisley (cr). 94 Dorling Kindersley: Hampton Court Flower Show 2014 (br). 95 Dorling Kindersley: RHS Wisley (tr). 97 Dorling Kindersley: RHS Wisley (tl); RHS Malvern Flower Show 2014 (tc). 99 Dorling Kindersley: Lucy Claxton (cr). 100 Dorling Kindersley: Lucy Claxton (c). 101 Dorling Kindersley: Ken Akers, Great Saling (tc). 142–144 Crown Copyright: All images courtesy The Animal and Plant Health Agency (APHA), except 145 tc, bc, tr, br. 176 Dorling Kindersley: Bill Fitzmaurice (tl).

All other images © Dorling Kindersley
For further information see:
www.dkimages.com

Original Title: The Bee Book
Copyright © 2016 Dorling Kindersley Limited, London

本书由英国多林·金德斯利有限公司授权河南科学技术出版社独家出版发行

版权所有，翻印必究
备案号：豫著许可备字-2017-A-0150

图书在版编目（CIP）数据

DK蜜蜂全书 /（英）弗格斯·查德威克等著；段辛乐等译. —郑州：河南科学技术出版社，2019.10
ISBN 978-7-5349-9574-3

Ⅰ.①D… Ⅱ.①弗… ②段… Ⅲ.①蜜蜂—普及读物
Ⅳ.①Q969.557.7-49

中国版本图书馆CIP数据核字（2019）第111910号

出版发行 河南科学技术出版社
地址：郑州市郑东新区祥盛街27号　邮编：450016
电话：(0371)65737028　65788613
网址：www.hnstp.cn
策划编辑：刘　欣
责任编辑：葛鹏程
责任校对：马晓灿
封面设计：张　伟
责任印制：张艳芳
印　　刷：洛德加印刷（广州）有限公司
经　　销：全国新华书店
开　　本：889 mm×1194 mm　1/16　印张：13.5　字数：400千字
版　　次：2019年10月第1版　2019年10月第1次印刷
定　　价：98.00元

如发现印、装质量问题，影响阅读，请与出版社联系并调换。

A WORLD OF IDEAS:
SEE ALL THERE IS TO KNOW
www.dk.com